大学生公共基础课系列教材

办公软件高级应用实践教程

主　编　施　莹

副主编　张建宏　申　情　邵　斌

电子工业出版社

Publishing House of Electronics Industry

北京·BEIJING

内 容 简 介

本书是《办公软件高级应用教程》的配套实验与习题指导书，以 Office 2019 为平台，选择办公自动化常用的 Word、Excel、PowerPoint 三款软件，根据浙江省计算机等级考试二级办公软件高级应用考试大纲要点、全国计算机等级考试二级 MS Office 高级应用与设计考试大纲要点，结合办公软件在工作、学习和生活中应用的实际情况编写。内容主要包括 Word 高级应用实验、Excel 高级应用实验、PowerPoint 高级应用实验。本书可帮助读者从零基础开始学习，学会得心应手地处理日常工作中的各种办公文档，提高办公软件的使用水平和办公效率，最终成为办公软件的使用高手。

本书可作为高等院校计算机公共基础课程的教材，也可作为高等院校计算机二级考试的参考书，还可作为成人高等教育和各类计算机二级考试培训班的学习参考书。同时，本书也适合利用 Office 处理办公事务的各类人员阅读。

图书在版编目（CIP）数据

办公软件高级应用实践教程／施莹主编 . —北京：电子工业出版社，2021.9

ISBN 978-7-121-42057-3

Ⅰ. ①办… Ⅱ. ①施… Ⅲ. ①办公自动化—应用软件—高等学校—教材 Ⅳ. ①TP317.1

中国版本图书馆 CIP 数据核字（2021）第 188755 号

责任编辑：康 静

印　　　刷：北京天宇星印刷厂

装　　　订：北京天宇星印刷厂

出版发行：电子工业出版社

　　　　　北京市海淀区万寿路 173 信箱　邮编　100036

开　　本：787×1 092　1/16　印张：15.75　字数：403.2 千字

版　　次：2021 年 9 月第 1 版

印　　次：2025 年 1 月第 7 次印刷

定　　价：48.00 元

凡所购买电子工业出版社图书有缺损问题，请向购买书店调换。若书店售缺，请与本社发行部联系，联系及邮购电话：（010）88254888，88258888。

质量投诉请发邮件至 zlts@phei.com.cn，盗版侵权举报请发邮件至 dbqq@phei.com.cn。

本书咨询联系方式：（010）88254609，hzh@phei.com.cn。

前　　言

编者根据多年从事计算机基础、办公软件教学的经验，从浙江省计算机二级 AOA 考试、全国计算机二级 MS Office 考试、办公的实际需要综合考虑，让读者掌握文档制作与排版、数据处理和分析、常用演示文稿制作方法和技巧。本书既可以作为在校学生的计算机基础课程教材，也可以作为计算机二级考试的指导书，还可以作为从事文字排版和办公室工作人员的指导用书。

全书共 24 个任务。每完成一个任务，读者可以掌握相应的知识要点，并能够通过练习把所学到的操作方法和操作技巧直接应用到实际工作中，具有很强的实践性和实用性。

本书内容实践性非常强，同时注重读者应用能力的培养。因此在每一个实验中都以实验任务的形式设置了丰富的案例，且每个实验任务都有十分详细的操作步骤和方法讲解，让读者通过上机操作完成具体任务，掌握软件的相应功能。编者在教学和实验指导时注意到，很多学生按照书上的操作步骤能够很好地完成操作，但在实际应用时往往还是无从下手；也有部分学生基础较好，并不满足于书本上的实验任务的步骤完成实验。因此，在书中，还设置了一些让读者思考或者按个人需求动手完成的操作实验任务和作业。

尽管在本书的编写方面做了许多努力，但由于编者水平有限，书中也难免有疏漏之处，敬请读者批评指正，电子邮件：shiying@hzjhu.edu.cn。

编　者

2021. 3. 1

目 录

模块 1　Word 高级应用实验

任务 1.1　正文排版

一、实验目的

（1）掌握页面设置，包括页边距、纸张大小、纸张方向、文档网格等的设置。

（2）掌握 Word 基本操作，包括字符格式、段落格式设置及复制、粘贴、替换、查找等操作。

（3）掌握样式的设置，包括创建新样式、应用样式、修改样式、管理样式等。

（4）掌握脚注、尾注的设置，包括插入脚注、尾注、编辑脚注和尾注等。

（5）掌握自动编号的设置。

（6）掌握批注和修订的使用。

（7）掌握书签的创建、链接的建立及应用。

二、实验内容及操作步骤

毕业设计（论文）要求：毕业设计（论文）应使用统一的 A4 纸打印，每页约 40 行，每行约 30 字；文中的中文字体为"宋体"，西文字体为"Times New Roman"，字号为"小四"；段落行距为固定值"18 磅"，首行缩进 2 字符，段前 0.5 行，段后 0.5 行；版面边距上空 2.54cm，下空 2.54cm，左空 2.67cm（装订线 0.5），右空 3.17cm。

打开文件"毕业设计.docx"，完成以下工作。

1. 页面布局

➤　纸张大小为 A4，纸张方向为纵向，每页约 40 行，每行约 30 字。

➤　版面边距上空 2.54cm，下空 2.54cm，左空 2.67cm（装订线 0.5），右空 3.17cm。

操作步骤如下。

步骤 1：单击"布局"选项卡中"页面设置"组右下角的对话框启动器，打开"页面设置"对话框，如图 1-1 所示。

步骤 2：进入"页边距"选项卡设置页边距和纸张方向。

步骤 3：Word 默认为 A4 纸型，纸张大小无须设置。

步骤 4：进入"文档网格"选项卡，选中"指定行和字符网格"选项并完成相关设置。

步骤 5：设置完成后，单击"确定"按钮。

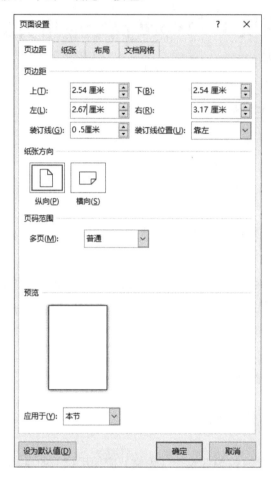

图 1-1 "页面设置"对话框

2. 创建名为"学号"（如 2020011101）的样式

样式要求如下：

➤ 中文字体为"宋体"，西文字体为"Times New Roman"，字号为"小四"。

➤ 段落行距为固定值"18 磅"，首行缩进 2 字符，段前 0.5 行，段后 0.5 行。

➤ 其余格式，默认设置。

➤ 将新的样式应用到正文中无编号的文字，不包括章名、小节名、表文字、表和图的标题。

操作步骤如下。

步骤 1：将插入点定位到文档正文中的某一段落（正文段落任意一行，但不要定位在标题中）。

步骤 2：单击"开始"选项卡中"样式"组右下角对话框启动器，打开如图 1-2 所示的"样式"任务窗格，单击左下角的"新建样式"按钮，打开如图 1-3 所示"根据格式化创建新样式"对话框。

步骤 3：在"名称"框中输入"样式名"即学号；单击左下角"格式"按钮，然后选择相关命令，在打开的对话框中完成相关字体格式和段落格式设置。

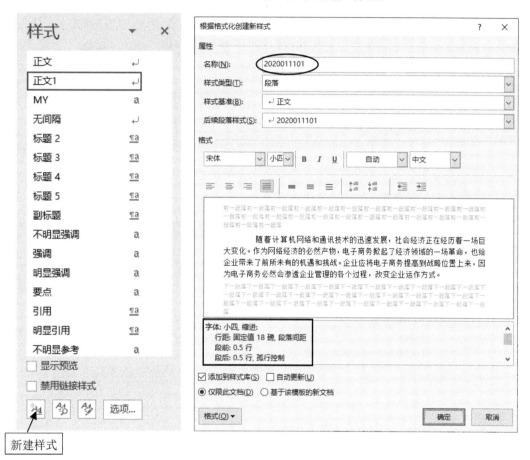

图 1-2　"样式"任务窗格　　　　　图 1-3　"根据格式比创建新样式"对话框

步骤 4：将光标定位在正文段落的任意位置，单击"样式"任务窗格中的"2020011101"样式，依次对其余段落（不含章名、小节名、表文字、表和图的题注、尾注）应用该样式。注意：为了加快速度，连续的段落可一起选中，再单击"样式"任务窗格中建好的新样式"2020011101"。另外，也可使用"格式刷"按钮完成样式的复制。

3. 为正文文字（不包括标题）中首次出现"MD5"的地方插入脚注，添加文字"消息摘要算法第五版"，同时给它插入批注，批注内容为"MD5 为 Message Digest Algorithm 缩写"。

操作步骤如下。

步骤 1：查找首次出现"MD5"的地方。

将光标置于文档开始处，在菜单"开始"选项卡 "编辑"组中单击"查找"按钮，打开如图1-4所示"查找和替换"对话框。在"查找内容"框中输入"MD5"，单击"查找下一处"按钮，在正文中找到"MD5"后单击"取消"按钮。

步骤2：插入"MD5"脚注。

将光标置于找到的"MD5"文字后，在"引用"选项卡"脚注"组中单击"插入脚注"按钮，光标自动跳转到插入脚注文本的当前页面底部，输入注释文字"消息摘要算法第五版"。注意：插入脚注的文字"MD5"后会自动添加上编号，本页底部有相应的注释文字。插入尾注的方法与脚注相同，不再重复。脚注和尾注标记位置可以复制、移动、删除。

图1-4 "查找和替换"对话框

步骤3：插入"MD5"批注。

选择文本"MD5"。切换到"审阅"选项卡，单击"批注"组中的"新建批注"按钮，在打开的批注框中输入文本"MD5 为 Message Digest Algorithm 缩写"，效果如图1-5所示。

本系统设计按软件工程思想，通过对多个成功案例进行深入研究和需求分析，设计出以用户购物为主的前台和以管理员操作作为主的后台两大功能模块。本系统采用 B/C（Browser /Server）结构、SQL Server 2005 数据库和 C#语言、MD5 加密算法，并结合了 ASP.NET 技术的工作原理和特点阐述了基于.NET 平台的电子商务系统的结构设计和具体实现过程。

图1-5 插入批注

4. 自动编号

➢　若论文中出现"1.""2."…处，进行自动编号，编号格式不变。

➢　若论文中出现"1)""2)"…处，进行自动编号，编号格式不变。

➢　若论文中出现"（1）""（2）"…处，进行自动编号，编号格式不变。

➢　若论文中出现其他相关编号均采用相同格式的自动编号。

操作步骤为：将光标定位在"1."之前（若连续可同时选中），切换到功能区的"开始"选项卡，单击"段落"组中的"编号"按钮，打开如图 1-6 所示"编号库"对话框，完成自动编号（此时单击选中文本"1."，能看到带灰色底纹）；其余编号同理。若编号不连续或重新从 1 开始编号，则在编号处单击鼠标右键，在弹出的快捷菜单中选择"继续编号""重新开始于 1"或"设置编号值"命令，如图 1-7 所示，若选择的是"设置编号值"命令，则打开如图 1-8 所示的 "起始编号"对话框，在对话框中完成相关的设置，单击"确定"按钮即可。

图 1-6　"编号库"对话框

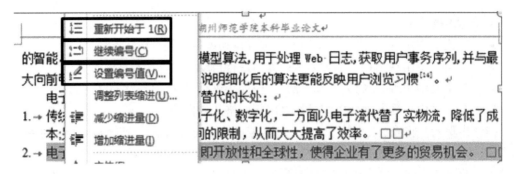

图 1-7　"编号"设置

5. 修订

学生完成了论文初稿并将电子稿交给了指导老师。指导老师看完学生的初稿，提出了一些修改建议，指导老师如何在论文上留下让学生一看就知道指导老师到底对论文提出了什么建议——是删除部分内容、插入新的内容还是修改原来的内容？论文作者怎么根据这些提示进行论文修订呢？

Word 2019 提供了修订功能，操作方法如下。

在"审阅"选项卡中，单击"修订"组中的"修订"按钮，界面进入修订状态。此时就可以进行修改、插入和删除等操作。例如，对于论文中的"网络"输成了"完络"，则需要将"完"字改成"网"，使用修订完成修改（即删除"完"字后插入"网"字），效果如图 1-9 所示。

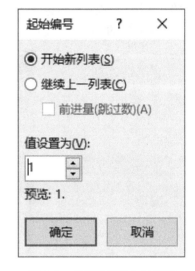

图 1-8　"起始编号"对话框

图 1-9　修订文档

论文作者可以使用"审阅"选项卡中的"接受"命令接受老师提出的修改建议，也可以使用"拒绝"命令不接受老师提出的修改建议，若多个老师都对论文提出了建议，则可以利用"比较"下拉菜单中的"合并"命令来合并他们提出的建议。具体操作如图 1-10 所示。

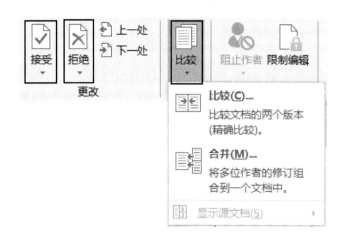

图 1-10　接受、拒绝或比较不同修订

6. 分栏

在报纸、期刊杂志中经常使用分栏来对内容进行排版，它将一篇文档分成多栏，当然是否需要分栏得根据版面设计的需要来设计。

操作方法：选中需要分栏的文本内容，切换到功能区中的"布局"选项卡，单击"页面设置"组中的"栏"按钮，在弹出的下拉菜单中选择"更多栏"命令（如图 1-11 所示），打开"栏"对话框。在该对话框中，选择"两栏"；若各栏间需要分隔线则选中"分隔线"复选框，如图 1-12 所示，完成设置后单击"确定"按钮即可。

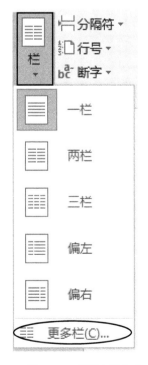

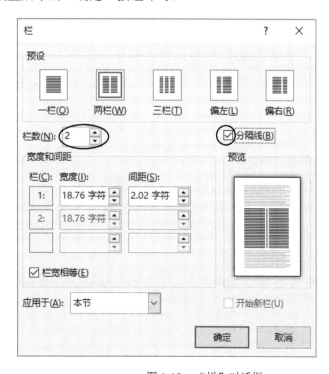

图 1-11　"更多栏"命令　　　　　　　　图 1-12　"栏"对话框

另外，在该对话框中还可以设置栏宽（每栏的字符个数）和两栏之间的间距。

7. 首字下沉

操作方法：选中要下沉的字或将光标定位到要实现首字下沉的段落，切换到功能区中的"插入"选项卡，在"文本"组中单击"首字下沉"按钮，如图 1-13（a）所示，若选择"首字下沉选项"命令，可以如图 1-13（b）所示的对话框，在此对话框中可以完成相关设置。

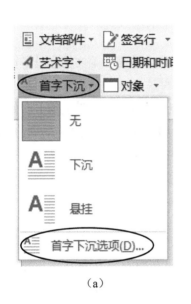

（a）

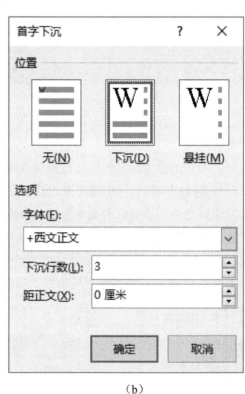

（b）

图 1-13　首字下沉

8. 书签和链接

通过书签和链接可以手工完成目录的创建。

问题描述：张三是 Word 的初学者，他不知道自动生成目录的方法，但他已经学习过书签和链接的知识，故决定利用这些知识来完成手工目录的制作。

操作步骤如下。

步骤 1：手工输入在手工目录中出现的文本内容如图 1-14 所示。

图 1-14　手工目录

步骤 2：设置书签操作。选中要设置书签的文本"第一章　绪　论"，切换到功能区中的"插入"选项卡。单击"链接"组中的"书签"按钮，打开"书签"对话框。在"书签名"文本框中输入书签名称，单击"添加"按钮，如图 1-15 所示。重复该步骤 2，完成所有章节书签设置。

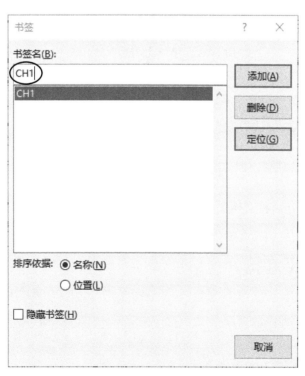

图 1-15　"书签"对话框

步骤 3：设置超链接操作方法。首先选中要设置超链接的文本，然后切换到功能区中的

"插入"选项卡。单击"链接"组中的"链接"按钮，打开"插入超链接"对话框。按图1-16
所示选择"链接到""请选择文档中的位置"（链接到哪一个书签）。单击"确定"按钮，
结果如图1-17所示。

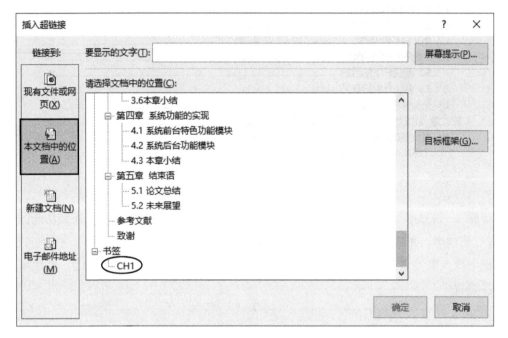

图 1-16 "插入超链接"对话框

图 1-17 目录结果（部分）

完成以上所有操作后将文档保存。

任务 1.2 图文混排

一、实验目的

（1）掌握文本框的插入及编辑方法。

（2）掌握插入图片及编辑方法。

（3）掌握 SmartArt 图形及编辑方法。

（4）掌握插入对象的方法。

（5）掌握文本转换成表格及表格的编辑方法。

（6）掌握样式的管理方法。

（7）掌握引文的使用方法。

二、实验内容及操作步骤

以下操作在"任务 2.docx"中完成。

1. 首先将文档"附件 4 新旧政策对比.docx"中的"标题 1""标题 2""标题 3"及"附件正文"4 个样式的格式应用到"任务 2.docx"文档中的同名样式；然后将文档"附件 4 新旧政策对比.docx"中的全部内容插入到"任务 2.docx"文档的"参考文献"之前，后续操作均应在"任务 2.docx"中进行。

操作步骤如下。

步骤 1：单击"开始"选项卡"样式"组右下角的对话框启动器按钮，打开"样式"任务窗格。单击"样式"任务窗格底部的"管理样式"按钮（如图 1-18 左图所示），在打开的"管理样式"对话框（如图 1-18 右图所示）中单击对话框左下角的"导入/导出"按钮，打开"管理器"对话框，如图 1-19 所示。

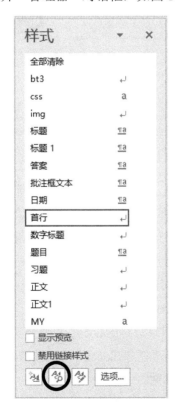

图 1-18　"样式"任务窗格和"管理样式"对话框

步骤2：在"管理器"对话框中，左侧部分提示样式位于在任务2.docx（文档）中，即当前文档。但右侧部分并不是"附件4新旧政策对比.docx"文档。单击对话框右侧部分的"关闭文件"按钮（注意：不是对话框左侧部分的"关闭文件"按钮）（如图1-19所示），该按钮变为"打开文件"。再次单击该按钮，在弹出的对话框中浏览文件所在文件夹，再单击对话框右下角的"文件类型"下拉框，从中选择"Word文档（.docx）"或"所有文件（*.*）"的文件类型（注意：如不选择文件类型则可能看不到文件"附件4新旧政策对比.docx"），选择相应文件夹下的文件"附件4新旧政策对比.docx"，单击"打开"按钮。

图1-19 "管理器"对话框（1）

步骤3：回到"管理器"对话框，对话框右侧已提示样式位于在附件4 新旧政策对比.docx（文档）中。按住Ctrl键的同时，依次单击右侧部分的"标题1""标题2""标题3"及"附件正文"，同时选中这4项内容，然后单击对话框中部的"复制"按钮（如图1-20所示），将这些样式复制到左侧即任务2.docx（文档）中。在弹出的"是否要改写现有的样式词条标题1？"的提示框中，单击"全是"按钮，这样将覆盖"任务2.docx（文档）"中的同名样式。单击对话框右下角的"关闭"按钮，完成样式导入。

步骤4：在文件所在文件夹中，双击"附件4 新旧政策对比.docx"文件打开该文件，按Ctrl+A键选中所有内容，按Ctrl+C键复制。再切换到"任务2.docx"中，按Ctrl+End键将插入点定位到"参考文献"之前，然后按Ctrl+V键粘贴。

步骤5：关闭打开的文档"附件4 新旧政策对比.docx"，后续操作将都在"任务2.docx"中进行（步骤4也可利用插入对象完成内容插入，具体由读者自行完成）。

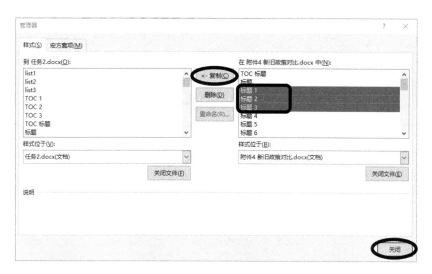

图 1-20　"管理器"对话框（2）

2. 在文档的开始处插入"母版型提要栏"文本框，将"插入目录"标记之前的文本移动到该文本框中，要求文本框内部边距分别为左右各 1 厘米、上 0.5 厘米、下 0.5 厘米，为其中的文本进行适当的格式设置以使文本框高度不超过 12 厘米，结果可参考"示例 1.jpg"

操作步骤如下。

步骤 1：将光标插入点移动到文档开始处，单击"插入"选项卡"文本"组中的"文本框"按钮，从下拉列表中选择"母版型提要栏"（如图 1-21 所示），插入这种类型的文本框。

图 1-21　母版型提要栏

步骤 2：选择并右击文档中从"财政部"到"2016 年 1 月 29 日"的几段内容，按 Ctrl+X 键剪切，然后单击文本框内部，按 Ctrl+V 键粘贴，文字被移动到文本框中。删除文本框内部多余的空行。

步骤 3：右击文本框的边框（四周带有 8 个控制点的文本框外围虚线），在弹出的快捷菜单中选择"设置形状格式"命令。在打开的"设置形状格式"窗格中，选择"布局属性"选项卡，设置"左边距""右边距"均为"1 厘米"，"上边距""下边距"均为"0.5 厘米"。单击"关闭"按钮关闭窗格，如图 1-22 所示。

图 1-22 "设置形状格式"窗格

步骤 4：在"绘图工具-格式"选项卡的"大小"组中，检查文本框的高度，确保不超过"12 厘米"，可再进一步缩小字号、行距、段落间距等，使文本框高度整体缩小。可参照"实例 1.jpg"进行以下格式调整。

① 选中文本框中的所有文字，单击"开始"选项卡"段落"组右下角的对话框启动器按钮。在打开的"段落"对话框中，调整"设置"为较小的一些间距，如"6 磅"，再设置一种较小的行距，如"固定值""16 磅"，单击"确定"按钮。

② 将光标插入点定位在"科学技术部"和"关于"之间再按 Enter 键，在此将该部分分为两段。选中文本框中的前 3 段文字，单击"段落"组的"居中"按钮将文字对齐。

③ 选中"根据…"一段文字，单击"段落"组右下角的对话框启动器按钮，在打开的"段落"对话框中设置"特殊格式"为"首行缩进""2 字符"。

④ 选中最后两行文字（落款和日期），单击"段落"组中的"文本右对齐"按钮，将文字右对齐。

3. 在标题段落"附件 3：高新技术企业证书样式"的下方插入图片"附件 3 证书.jpg"，为其应用恰当的图片样式、艺术效果，并改变其颜色。

操作步骤如下。

步骤 1：将光标插入点定位到"附件 2"文字前，按 Enter 键新增一段。将插入点定位到新增的空白段落中，单击"开始"选项卡"样式"组中的"正文"，将新段落应用为"正文"样式。

步骤 2：单击"插入"选项卡"插图"组中的"图片"按钮，在弹出的对话框中，进入该文件所在的文件夹，单击"附件 3 证书.jpg"，单击"插入"按钮，如图 1-23 所示。

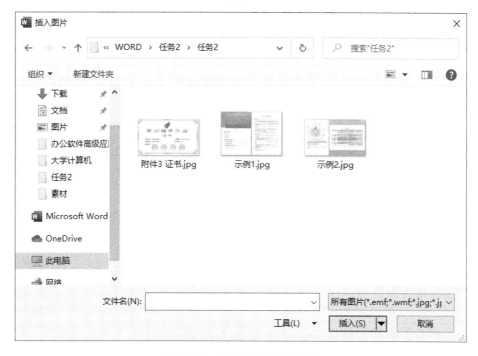

图 1-23　"插入图片"对话框

步骤 3：选中所插入的图片，参考"实例 2.jpg"设置图片格式。在"图片工具-格式"选项卡下的"图片样式"组中，任选一种样式，如"剪去对角，白色"。再单击"调整"选项卡下的"艺术效果"按钮，从下拉列表中任选一种艺术效果，如"胶片颗粒"。再单击"颜色"按钮，从下拉列表中任选一种颜色，如"色温, 4700K"。

4. 将标题段落"附件 2：高新技术企业申请基本流程"下的绿色文本参照其上方的样例转换成布局为"分段流程"的 SmartArt 图形，适当改变其颜色和样式，加大图形的高度和宽度，将第 2 级文本的字号统一设置为 6.5 磅，将图形中所有文本的字体设为"微软雅黑"。最后将多余的文本及样例删除。

操作步骤如下。

步骤 1：将光标插入点定位到绿色文字"企业向认定机构提出认定申请并提交相关材料"之前，按 Enter 键新增一段。将光标插入点定位到新增的空白段落上，单击"开始"选项卡下"样式"组中的"正文"样式，将新的空白段落的样式设置为"正文"。单击"插入"选项卡下"插图"组中的"SmartArt"按钮，在弹出的"选择 SmartArt 图形"对话框中，选择"流程"中的"分段流程"，单击"确定"按钮。

步骤 2：为提高操作效率，这里将所有文本一次性地粘贴到 SmartArt 图形中完成制作，而不必一行一行地分别粘贴文本。

① 首先统一绿色文字下面的列表级别关系，即统一"企业向认定机构提出认定申请并提交相关材料"下面的 1~8 段文本的格式为与"认定机构组织专家评审"的下级段落具有相同的格式。选中"认定机构在符合评审要求的专家中，随机抽取组成专家组"一段，在"开始"选项卡下"剪贴板"组中双击"格式刷"按钮，然后分别刷选"企业向认定机构提出认定申请并提交相关材料"下面的"1.申请书"、……、"8.近三年所得税年度纳税申请表" 8 个段落，使这 8 个段落具有与"认定机构组织专家评审……"相同的格式。刷选后按 Esc 键或再次单击"格式刷"按钮取消格式复制状态。然后选中从"企业向认定机构提出认定申请并提交相关材料"到"经营收入等年度发展情况报表"的所有绿色文字，按 Ctrl+X 键剪切。

② 如果 SmartArt 图形旁边的"在此处键入文字"框没有展开，单击 SmartArt 图形左边框的三角按钮展开它。然后将光标插入点定位到"在此处键入文字"框中第一行的"[文本]"处，按住 Delete 键不放，删除框中的所有示例文本，使其仅剩第 1 行，SmartArt 图形页对应地仅剩 1 个节点。将插入点定位到仅剩的这一行上，按 Crtl+V 键粘贴，则分级文字粘贴到"在此处键入文字"框中，同时 SmartArt 图形制作完成（注：以上可借助 PPT 中的SmartArt 图来完成）。

步骤 3：拖动 SmartArt 图形边框右下角的控点，适当将图形拉大。设置"字体"为"微软雅黑"：按住 Ctrl 键的同时，依次单击所有图形元素的边框；然后在"开始"选项卡的"字体"组中，设置"字体"为"微软雅黑"，"字号"框中输入"6.5"，按 Enter 键。

步骤 4：在"SmartArt 工具-设计"选项卡下的"SmartArt 样式"组中，单击"更改颜色"按钮，从下拉列表中选择"彩色—个性色"，再在该组的"快速样式"列表中选中"强烈效果"样式。

步骤 5：单击选中原文档中的样例图片，按 Delete 键删除它。

5. 在标题段落"附件 1：国家重点支持的高新技术领域"的下方插入以图标方式显示的文档"附件 1 高新技术领域.docx"，将图标名称改为"国家重点支持的高新技术领域"，双击该图标应能打开相应的文档进行阅读。

操作步骤如下。

步骤 1：将光标插入点定位到标题段落"附件 1：国家重点支持的高新技术领域"的文

字后面，按 Enter 键新增一段。将光标插入点定位到新增的空白段落上，单击"开始"选项卡下"样式"组中的"正文"样式，将新的空白段落的样式设置为"正文"。

　　步骤 2：将插入点定位到新增的空白段落上，在"插入"选项卡的"文本"组中单击"对象"按钮右侧的向下箭头（见图 1-24），从下拉菜单中选择"对象"命令，打开"对象"对话框。切换到"由文件创建"标签页，单击该标签页的"浏览"按钮，在打开的对

图 1-24　"对象"命令

话框中选择文件所在的文件夹，再选择文件"附件 1　高新技术领域.docx"，单击"插入"按钮。回到"对象"对话框，勾选"链接到文件"和"显示为图标"（"链接到文件"也可不勾选）。这时对话框中出现了"更改图标"按钮，单击"更改图标"按钮，在弹出的"更改图标"对话框中设置"题注"为"国家重点支持的高新技术领域"，单击"确定"按钮。回到"对象"对话框（见图 1-25），再单击"确定"按钮。

图 1-25　"对象"对话框

　　6. 将标题段落"附件 4：高新技术企业认定管理办法新旧政策对比"下的以连续符号"###"分隔的蓝色文本转换为一个表格，套用恰当的表格样式，在"序号"列中插入自动

编号 1、2、3、…，将表格中所有内容的字号设为小五号，在垂直方向上居中显示。令表格与其上方的标题"新旧政策的认定条件对比表"占用单独的横向页面，且表格与页面同宽，并适当调整表格各列列宽，结果可参考"示例 2.jpg"。

操作步骤如下。

步骤 1：要将具有一定分割符的文本转换成表格，需要分割符为一个字符，而不能是多个字符，本题标题"附件 4"下的蓝色文本以连续符号"###"分隔符是不合适的（分隔符有 3 个字符），需要将它转换为以 1 个符号如可以转换为 1 个 Tab 符（读者如果转换为其他分隔符也是可以的，但要保证所用的分隔符不要与文档中的其他文字内容混淆）。转换方法是：选中标题"附件 4"下的所有蓝色文本，单击"开始"选项卡下"编辑"组中的"替换"按钮，打开"查找和替换"对话框。如果对话框的更多选项没有展开，则单击对话框左下角的"更多"按钮以展开更多选项。然后在"查找内容"框中输入"###"。将光标插入点定位到"替换为"框中，单击"特殊格式"按钮，从下拉菜单中选择"制表符"，在"替换为"框中系统会自动输入"^t"字样。单击"全部替换"按钮。在弹出的"是否搜索文档的其余部分"消息框中，单击"否"按钮，使替换仅在选中的蓝色文本范围内进行，而不替换文档其他部分中的任何"###"。单击"关闭"按钮关闭"查找和替换"对话框。

步骤 2：保持所有蓝色文本为选中状态，单击"插入"选项卡下"表格"组中的"表格"按钮，从下拉列表中选择"文本转换成表格"命令。在弹出的对话框中，设置"列数"为"5"，"文字分隔位置"为"制表符"，单击"确定"按钮。

步骤 3：参照"示例 2.jpg"，为表格套用一种表格形式。在"表格工具-设计"选项卡下"表格样式"组中任选一种"网格表"的样式，如 "网格表 6 彩色-着色 4"。

步骤 4：选中第 1 列即"序号"列的内容单元格（除第 1 行外该列的其他各行单元格），在"开始"选项卡下"段落"组中单击"项目编号"按钮右侧的向下箭头，从下拉列表中选择"定义新编号格式"命令。在弹出的对话框中，选择"编号样式"为"1, 2, 3…"，然后在"编号格式"框中删除其中的"."，使其仅保留带阴影的数字，单击"确定"按钮。

步骤 5：单击表格左上角的"十字"图标选中表格，在"开始"选项卡下"字体"组中设置"字号"为"小五"。单击"表格工具-布局"选项卡下"对齐方式"组中的"水平居中"按钮，先使所有内容水平居中对齐、垂直居中对齐。然后选中表格中除第 1 行和第 1 列外的其余单元格内容，单击该组中的"中部两侧对齐"按钮，使这些单元格水平两端对齐、垂直居中对齐。

步骤 6：将光标插入点定位到其上方的标题"新旧政策的认定条件对比表"文字之前，

单击"布局"选项卡下"页面设置"组中的"分隔符"按钮，从下拉列表中选择"分节符"中的"下一页"，在此位置插入分节符。将光标插入点定位到"二、认定的程序性……"文字之前，用同样方法在此位置再插入一个"下一页"的"分节符"。将光标插入点定位到表格中的任意文本，单击"布局"选项卡"页面设置"组右下角的对话框启动器。在打开的"页面设置"对话框中，在对话框底部"应用于"下拉框中选择"所选节"，然后在"纸张方向"中选择"横向"，单击"确定"按钮。

步骤 7：参考"示例 2.jpg"，拖动表格各列表格线，适当调整表格各列列宽，使表格所有内容可排版在一页内，并使表格总宽度占满一页的宽度。

7.文档的 4 个附件内容排列位置不正确，将其按 1、2、3、4 的顺序进行排列，但不能修改标题中的序号。

操作步骤如下。

步骤 1：在"视图"选项卡下"视图"组中单击"大纲视图"按钮，切换到大纲视图。在"大纲"选项卡下"大纲工具"组中设置"显示级别"为"1 级"，则看到文档中仅显示了一级标题内容。

步骤 2：在大纲视图中仅选中 4 个附件的标题文字（见图 1-26），在"开始"选项卡下"段落"组中单击"排序"按钮，打开"排序文字"对话框。在对话框中设置"主要关键字"为"段落数"，"类型"为"拼音"，再选择"升序"单选框，单击"确定"按钮（见图 1-27），则可以看到各标题已按附件 1～4 的顺序排列正确（注：也可用剪切粘贴来完成）。

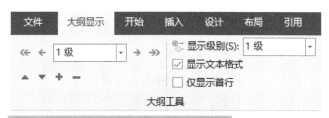

图 1-26　选择 4 个附件的标题文字

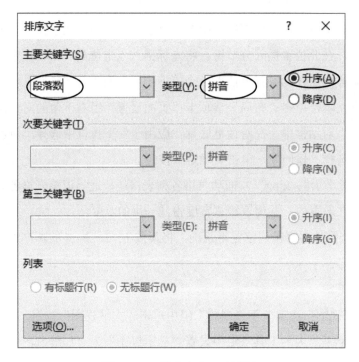

图 1-27 "排序文字"对话框

8. 在标题"参考文献"的下方，为文档插入书目，样式为"APA 第六版"，书目中文献的来源为文档"参考文献.xml"。

操作步骤如下。

步骤 1：在"引用"选项卡下"引文与书目"组的"样式"中选择"APA"，并单击"管理源"按钮（见图 1-28），打开"源管理器"对话框。在"源管理器"对话框中单击"浏览"按钮，浏览找到并选择"参考文献.xml"文件，单击"打开"按钮，在"源管理器"对话框中出现要添加书目的文献资料名称，如图 1-29 所示。

图 1-28 "管理源"按钮

步骤 2：选择"参考文献"下的所有书目，单击"复制"按钮将其添加到"当前列表"栏中（见图 1-30），单击"关闭"按钮。

步骤 3：在"引用"选项卡下"引文与书目"组中单击"书目"按钮，选择"插入书目"命令，如图 1-31 所示。

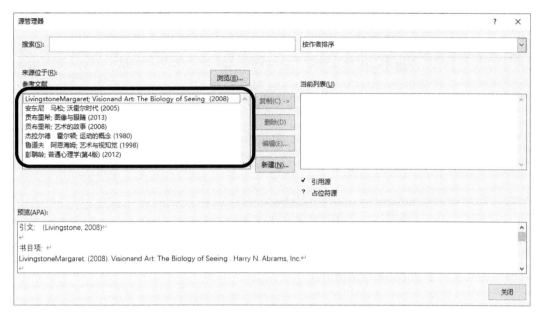

图 1-29　"源管理器"对话框

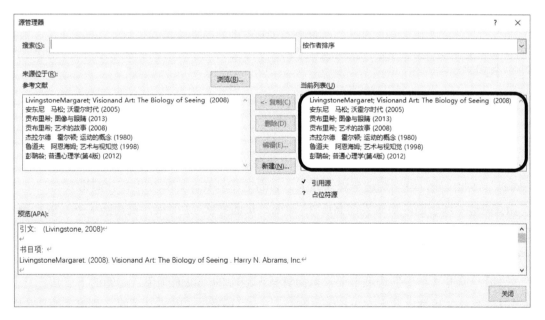

图 1-30　选择书目

图 1-31　插入书目

三、作业

以下操作在"作业 2.docx"中完成。

为了使学生更好地进行职场定位和职业准备,提高就业能力,某高校学工处将于 2021 年 4 月 29 日(星期四)19:30-21:30 在校国际会议中心举办题为"领慧讲堂——大学生人生规划"就业讲座,特别邀请资深媒体人、著名艺术评论家赵蕈先生担任演讲嘉宾。

1. 调整文档版面,要求页面高度 35 厘米,页面宽度 27 厘米,页边距(上、下)为 5 厘米,页边距(左、右)为 3 厘米,并将文件所在文件夹下的图片"Word-海报背景图片.jpg"设置为海报背景。

提示:单击"布局"选项卡下"页面背景"组中的"页面颜色"右侧的下三角,打开"页面颜色"下拉列表,选择"填充效果",打开"填充效果"对话框。单击"图片"选项卡中的"选择图片"按钮,选择图片所在文件夹下的图片"Word-海报背景图片.jpg",这样就设置好了海报背景。

2. 根据"Word-海报参考样式.docx"文件,调整海报内容文字的字号、字体和颜色。

3. 根据页面布局需要,调整海报内容中"报告题目""报告人""报告日期""报告时间""报告地点"信息的段落间距。

4. 在"报告人："位置后面输入报告人姓名（赵蕾）。

5. 在"主办：校学生处"位置后另起一页，并设置第 2 页的页面纸张大小为 A4 篇幅，纸张方向为"横向"，页边距为"普通"。

6. 在新页面的"日程安排"段落下面，复制本次活动的日程安排表（请参考"Word-活动日程安排.xlsx"文件），要求表格内容引用 Excel 文件中的内容，如若 Excel 文件中的内容发生变化，Word 文档中的日程安排信息随之发生变化。

提示：首先将鼠标指针定位在第二页的"日程安排"段落下面一行，然后单击"插入"选项卡下"文本"组中的"对象"按钮，打开"对象"对话框。切换到"由文件创建"选项卡，单击该选项卡中的"浏览"按钮，到文件所在文件夹下打开"Word-活动日程安排.xlsx"文件，同时选中"链接到文件"选项，单击"确定"按钮。

7. 在新页面的"报名流程"段落下面，利用 SmartArt，制作本次活动的报名流程（学生处报名、确认坐席、领取资料、领取门票）。

8. 参考示例文件中所示的样式设置"报告人介绍"段落下面的文字排版布局。

9. 更换报告人照片为考生文件夹下的 Pic 2.jpg 照片，将该照片调整到适当位置，并不要遮挡文档中的文字内容。

10. 调整所插入的图片颜色和图片样式，与"Word-海报参考样式.docx"文件中的示例一致。

任务 1.3　目录、图表索引（目录）

一、实验目的

（1）掌握使用多级列表的方法，包括对章名和小节名进行自动编号。
（2）掌握题注操作，包括插入题注和题注自动编号。
（3）掌握目录的使用，包括自动生成目录、图索引（目录）和表索引（目录）。
（4）掌握正确使用交叉引用的方法。
（5）掌握分隔符（节）的使用方法。

二、实验内容及操作步骤

问题描述：张三觉得采用书签与链接来制作目录太麻烦，同时若文档内容发生改变而

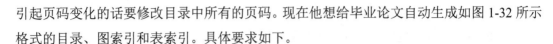

引起页码变化的话要修改目录中所有的页码。现在他想给毕业论文自动生成如图 1-32 所示格式的目录、图索引和表索引。具体要求如下。

（1）使用多级符号对章名、小节名进行自动编号，代替原始的编号。

● 章号的自动编号格式为第 X 章（如第 1 章），其中 X 为自动排序，阿拉伯数字序号，对应级别 1，居中显示。

● 节名自动编号格式为 X.Y，X 为章数字序号，Y 为节数字序号（如 1.1），X、Y 均为阿拉伯数字序号，对应级别 2，左对齐显示。

● 小节名自动编号格式为 X.Y.Z，X 为章数字序号，Y 为节数字序号，Z 为小节数字序号（如 1.1.1），X、Y、Z 均为阿拉伯数字序号，对应级别 3，左对齐显示。

（2）对正文的图添加题注"图"，位于图下方，居中显示。要求：

● 编号为"章序号"-"图在章中的序号"，例如，第 1 章中第 2 幅图，题注编号为 1-2。

● 图的说明使用图下一行的文字，格式同编号。

● 图与其题注居中。

（3）对正文中出现"如下图所示"的"下图"两字，使用交叉引用，将"下图"改为"图 X-Y"，其中"X-Y"为图题注的编号。

（4）对正文中的表添加题注"表"，位于表上方，居中显示。

● 编号为"章序号"-"表在章中的序号"，例如，第 1 章中第 1 张表，题注编号为 1-1。

● 表的说明使用表上一行的文字，格式同编号。

● 表与其题注居中，表内文字不要求居中。

（5）对正文中出现"如下表所示"中的"下表"两字，使用交叉引用。将"下表"改为"表 X-Y"，其中"X-Y"为表题注的编号。

（6）在正文前按序插入三节，使用 Word 提供的功能，自动生成如图 1-32 所示的目录及图、表索引内容。

● 第 1 节：目录。其中，"目录"使用样式"标题 1"，并居中；"目录"下为目录项。

● 第 2 节：图索引。其中，"图索引"使用样式"标题 1"，并居中；"图索引"下为图索引项。

● 第 3 节：表索引。其中，"表索引"使用样式"标题 1"，并居中；"表索引"下为表索引项。

目　录

图索引

表索引

图 1-32　目录、图表索引（部分）

打开文件"毕业设计.docx"，完成以下工作。

1. 使用多级符号对章名、节名、小节名进行自动编号，代替原始的编号，要求如下。

> 章号的自动编号格式为第 X 章（如第 1 章），其中 X 为自动排序，阿拉伯数字序号，对应级别 1，居中显示。

> 小节名自动编号格式为 X.Y，X 为章数字序号，Y 为节数字序号（如 1.1），X、Y 均为阿拉伯数字序号，对应级别 2，左对齐显示。

> 小节名自动编号格式为 X.Y.Z，X 为章数字序号，Y 为节数字序号，Z 为小节数字序号（如 1.1.1），X、Y、Z 均为阿拉伯数字序号，对应级别 3，左对齐显示。

> 创建新标题样式：新建样式"my 样式"，使其与样式"标题 1"在文字外观上完全一致，但不会自动添加到目录中，并应用于摘要中论文中文标题"基于 C#的玉杰家电超市网上销售系统"和论文英文标题"Based on the C# Yujie appliances supermarket online sales system"。

（1）章号的自动编号操作步骤。

方法 1 操作步骤如下。

步骤 1：切换到功能区中的"开始"选项卡，在"段落"组中单击"多级列表"按钮，打开"多级列表"的下拉菜单，先在样式列表

图 1-33 "多级列表"的下拉菜单（1）

库中选择一种合适的样表，使之成为当前列表；再次单击"多级列表"按钮，在打开的"多级列表"下拉菜单中选择"定义新的多级列表"命令（见图 1-33），打开"定义新多级列表"对话框，如图 1-34 所示。

步骤 2：单击"定义新多级列表"对话框中的"更多"按钮，打开完整的"定义新多级列表"对话框，在"输入编号的格式"中输入"第"和"章"（带灰色底纹的"1"，不能自行删除或添加）；"将级别链接到样式"选择为"标题 1"，"要在库中显示的级别"选择为"级别 1"，"起始编号"设为"1"，如图 1-35 所示。单击"确定"按钮。

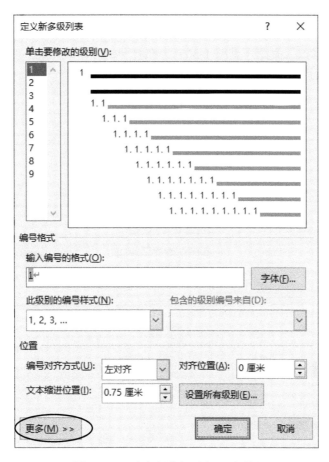

图 1-34 "定义新多级列表"对话框

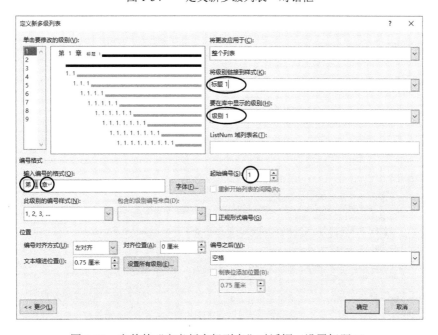

图 1-35 完整的"定义新多级列表"对话框(设置标题 1)

步骤 3：右键单击"开始"选项卡下"样式"组中的"第 1 章标题 1"按钮，在弹出的快捷菜单中选择"修改"命令（见图 1-36）。在打开的"修改样式"对话框中，单击"居中"按钮，如图 1-37 所示。

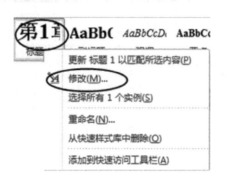

图 1-36 设置标题 1 的快捷菜单（1）

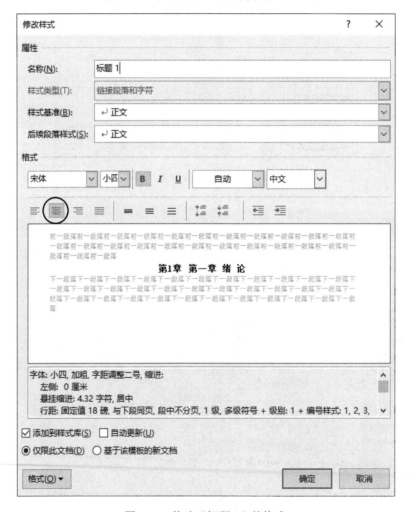

图 1-37 修改"标题 1"的格式

方法 2 操作步骤如下。

步骤 1：切换到功能区中的"开始"选项卡，在"段落"组中单击"多级列表"按钮，打开"多级列表"下拉菜单。先在样式列表库中选择一种合适的样表，使之成为当前列表；再次单击"多级列表"按钮，在打开的"多级列表"下拉菜单中选择"定义新的多级列表"命令（见图 1-38），打开"定义新多级列表"对话框，如图 1-39 所示。

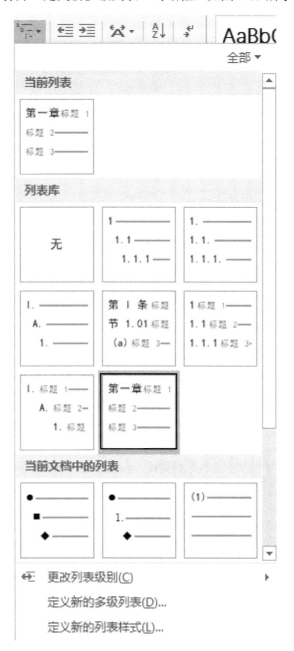

图 1-38　"多级列表"的下拉菜单（2）

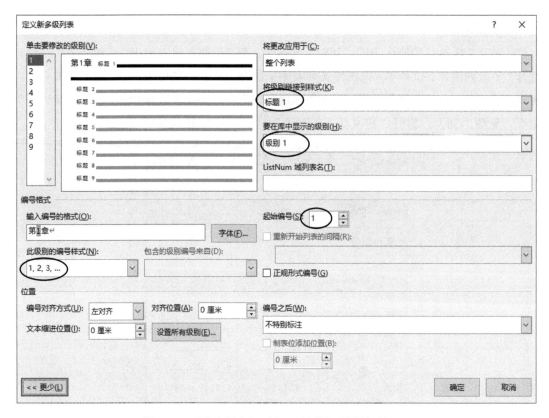

图1-39 "定义新多级列表"对话框（设置标题1）

步骤2：单击"定义新多级列表"对话框中的"此级别的编号样式"中选择"1, 2, 3, …"，单击"确定"按钮。若此时标题已经居中显示，则无须完成步骤3。

步骤3：右键单击"开始"选项卡下"样式"组中的"第1章标题1"按钮，在弹出的快捷菜单中选择"修改"命令（见图1-40，注：考虑到操作步骤的完整性，有些图重复，保留）。在打开的"修改样式"对话框中，单击"居中"按钮≣，如图1-41所示。

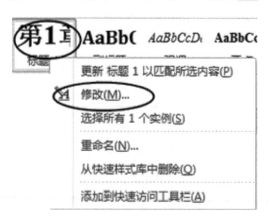

图1-40 设置标题1的快捷菜单（2）

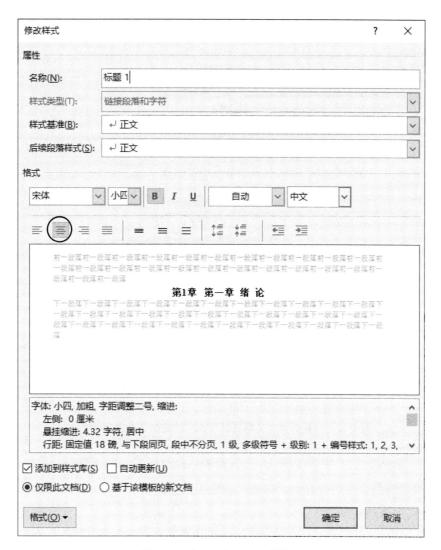

图 1-41　修改"标题 1"的格式

（2）节号的自动编号操作步骤。

方法 1 操作步骤如下。

步骤 1：按（1）中步骤 1 的方法打开完整的"定义新多级列表"对话框。选择"单击要修改的级别"为"2"，保持默认的"输入编号的格式"；"将级别链接到样式"选择为"标题 2"，"要在库中显示的级别"选择为"级别 2"，"起始编号"设为"1"，如图 1-42 所示。单击"确定"按钮。

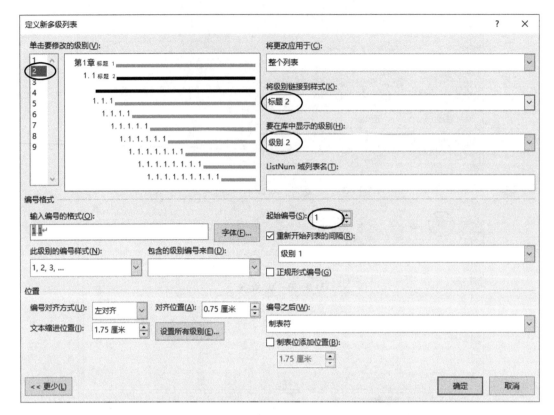

图 1-42　完整的"定义新多级列表"对话框（设置标题 2）

步骤 2：方法同（1）中的步骤 3，在打开的"修改样式"对话框中，单击"左对齐"按钮 ，设置标题 2 左对齐显示。单击"确定"按钮。

方法 2 操作步骤如下。

步骤 1：将光标定位到小节标题前，应用样式中的"标题 2"，按（1）中方法 2 步骤 1 的方法打开完整的"定义新多级列表"对话框。"包含的级别编号来自"选择为"级别 1"，此时"输入编号的格式"中出现带阴影的"1"，在"1"后输入实心句点"."，在"此级别的编号样式"中选择"1, 2, 3, …"，对应级别 2 的设置方法如方法 1，如图 1-43 所示。单击"确定"按钮。

步骤 2：重复（1）中的骤 3，在打开的"修改样式"对话框中，单击"左对齐"按钮 ，设置标题 2 左对齐显示。单击"确定"按钮。

小节自动编号设置与节自动编号相同，这里不再赘述。

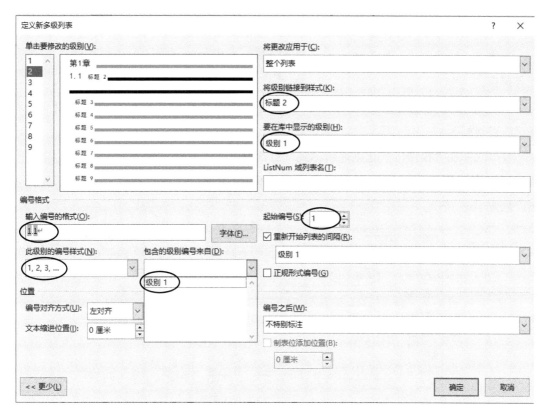

图 1-43　完整的"定义新多级列表"对话框（设置标题 2）

（3）应用标题 1、标题 2 和标题 3 样式。

操作步骤如下。

将光标定位在文档的第一行（即章名所在的行）的任何位置，再单击"样式"组中的"标题 1"按钮，应用标题 1 的样式后删除多余的章序号（自动生成的带灰色底纹的章序号不能删除），如图 1-44 所示。其余各章按序同理操作。

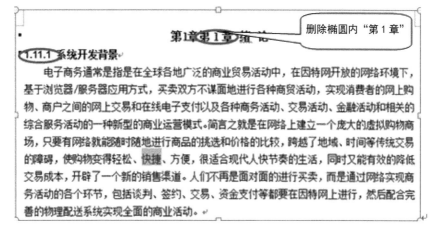

图 1-44　应用"标题 1"样式

（4）新建标题样式操作步骤。

步骤 1：切换到"开始"选项卡，单击"样式"组中的"样式"按钮，打开"样式"任务窗格。

步骤 2：单击"样式"任务窗格左下角的"新建样式"按钮，打开"根据格式化创建新样式"对话框。

步骤 3：在"根据格式化创建新样式"对话框中，"名称"框输入文本"my 样式"，"样式基准"选择为"标题 1"；再单击该对话框左下角的"格式"按钮，选择"段落"选项，如图 1-45 所示。

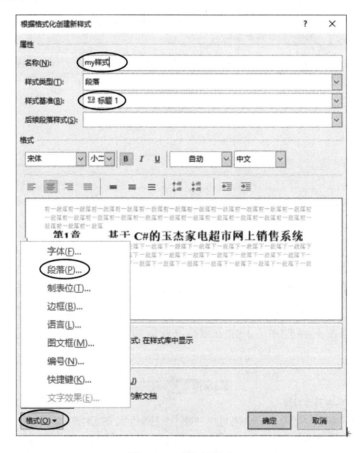

图 1-45　建立新样式

步骤 4：在打开的"段落"对话框中，选中"缩进和间距"选项卡，设置"大纲级别"为"正文文本"，保证应用该样式的文字不会添加到目录中，如图 1-46 所示。连续单击"确定"按钮，完成"my 样式"样式的建立。

图 1-46　设置新样式的大纲级别

步骤 5：将光标定位于文本"基于 C#的玉杰家电超市网上销售系统"，单击"my 样式"样式应用该样式；再将光标定位于文本 "Based on the C# Yujie appliances supermarket online sales system"，单击"my 样式"样式应用该样式，若出现第 1 章等内容则需要删除。

2. 对正文中的图添加题注"图"，位于图下方，居中显示。

操作步骤如下。

步骤 1：将光标定位在文档中第一张图片下方的题注前（不要单击图片），如图 1-47 所示。

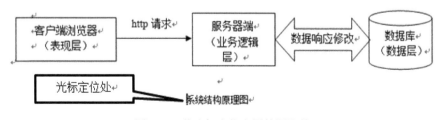

图 1-47　将光标定位在图的题注前

步骤 2：切换到功能区中的"引用"选项卡，再单击"题注"组中的"插入题注"按钮，打开"题注"对话框。

步骤 3：在"题注"对话框中，"标签"框选择"图"。若无"图"标签，则单击

"新建标签"按钮，打开"新建标签"对话框，其中输入文本"图"，如图 1-48 所示。
单击"确定"按钮返回"题注"对话框。此时，新建的标签"图"就出现在了"标签"
列表框中。

图 1-48 新建标签"图"

步骤 4：在"题注"对话框中，选择刚才新建的标签"图"，再单击"编号"按钮。在
打开的"题注编号"对话框中，选中"包含章节号"复选框，确认"章节起始样式"为"标
题 1"（如图 1-49 所示）。单击"确定"按钮，返回"题注"对话框。此时，"题注"文本
框中的内容由"图 1"变为"图 1-1"。单击"确定"按钮完成添加图题注的操作。

图 1-49 设置题注编号

注意：为了使图片的题注更加规范，可在题注和图片的说明文字之间插入一个空格。

步骤 5：选中图片和题注，单击"开始"选项卡"段落"组中的"居中"按钮，使其居中。同理，依次设置文档中其余图片的题注和居中对齐。

3. 对正文中出现"如图 X-Y 所示"的"图 X-Y"，使用交叉引用。

步骤 1：选中第一张图片上方的文本"图 X-Y"。

步骤 2：切换到"引用"选项卡，单击"题注"组中的"交叉引用"按钮，（也可以切换到"插入"选项卡，单击"链接"组中的"交叉引用"按钮），打开"交叉引用"对话框。在"交叉引用"对话框中，进行如图 1-50 所示的设置。单击"插入"按钮，并关闭该对话框。同理，依次对文档中的其余图片设置交叉引用。

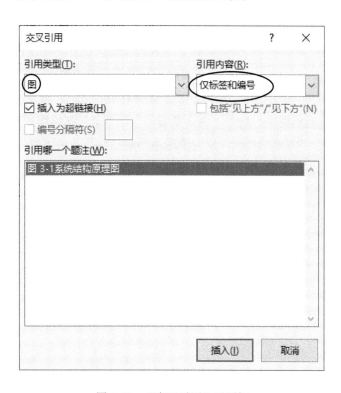

图 1-50　"交叉引用"对话框

4. 对正文中的表添加题注"表"，位于表上方，并居中显示。

与 2.中图片的题注操作方法类似。

步骤 1：将光标定位在第一张表上方的题注前，如图 1-51 所示。

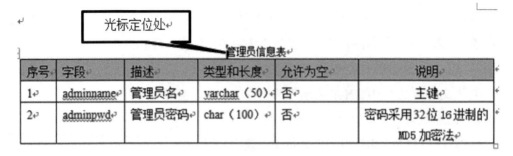

图 1-51　将光标定位在表题注前

步骤 2：切换到功能区的"引用"选项卡，单击"题注"组中的"插入题注"按钮，打开"题注"对话框。

步骤 3：在"题注"对话框中，"标签"框选择"表"。若无"表"标签，单击"新建标签"按钮，打开"新建标签"对话框，在其中输入文本"表"，如图 1-52 所示。单击"确定"按钮返回"题注"对话框。此时，新建的标签"表"就出现在了"标签"列表框中。

步骤 4：在"题注"对话框中，选择刚才新建的标签"表"，再单击"编号"按钮。在打开的"题注编号"对话框中，选中"包含章节号"，"章节起始样式"设为"标题 1"，如图 1-53 所示。单击"确定"按钮，返回"题注"对话框。此时"题注"文本框中的内容由"表 1"变为"表 3-1"。单击"确定"按钮完成添加表题注的操作。

图 1-52　新建标签"表"

图 1-53　添加表题注设置

注意：为了使表的题注更加规范，可在题注和表的说明文字之间插入一个空格。

步骤 5：选中该题注，单击"开始"选项卡下"段落"组中的"居中"按钮，将表题注居中。单击"　"选中该表（注意选取表格而不是选中表格中的文字），再单击"开始"选项卡下"段落"组中的"居中"按钮。同理，依次设置文档中其余表的题注和对齐方式。

5. 对正文中出现"如表 X-Y 所示"中的"表 X-Y"，使用交叉引用。

同 3.中图片的交叉引用的操作方法类似。

步骤 1：选中第一个表格上方的文本"表 X-Y"。

步骤 2：切换到"引用"选项卡，单击"题注"组中的"交叉引用"按钮，打开"交叉引用"对话框。在"交叉引用"对话框中，进行如图 1-54 所示的设置。单击"插入"按钮，并关闭该对话框。同理，依次对文档中其余表格设置交叉引用。

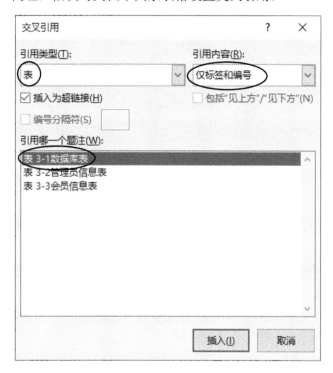

图 1-54　"交叉引用"对话框（表格）

6. 在"前言"前按序插入三节，并使用 Word 提供的功能，自动生成目录、图索引和表索引。

（1）生成目录。

步骤 1：将光标定位在"前言"前面，如图 1-55 所示。

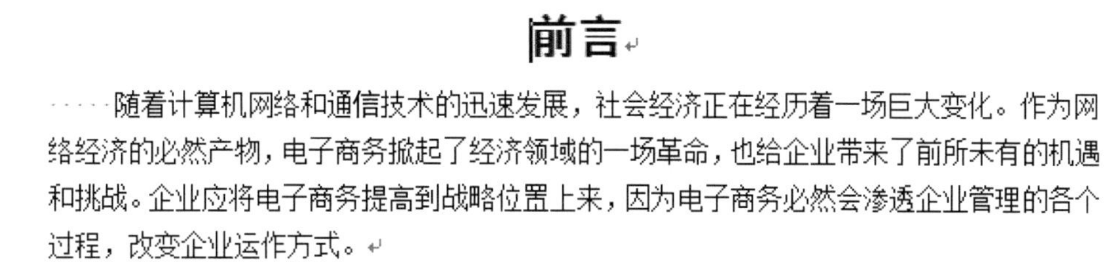

前言

　　　随着计算机网络和通信技术的迅速发展，社会经济正在经历着一场巨大变化。作为网络经济的必然产物，电子商务掀起了经济领域的一场革命，也给企业带来了前所未有的机遇和挑战。企业应将电子商务提高到战略位置上来，因为电子商务必然会渗透企业管理的各个过程，改变企业运作方式。

图 1-55　光标定位处

步骤 2：切换到"页面布局"选项卡，单击"页面设置"组中的"分隔符"按钮，在弹出的菜单中选择分节符"下一页"，如图 1-56 所示。

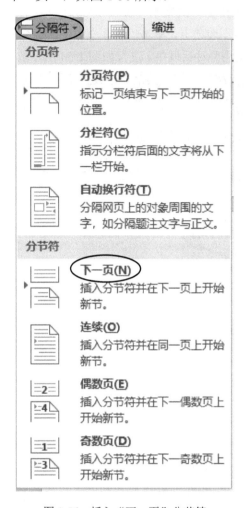

图 1-56 插入"下一页"分节符

步骤 3：在新插入的节的开始位置，输入文本"目录"，此时"目录"前自动出现了"第 1 章"字样（即应用了"标题 1"的样式），如图 1-57 所示。利用鼠标选中目录的章序号"第 1 章"，按 Delete 键删除。

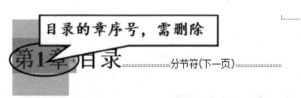

图 1-57 输入"目录"

步骤 4：将光标定位在"目录"后，按回车键 2 次，产生换行。

步骤 5：切换到功能区的"引用"选项卡，单击"目录"组中的"目录"按钮，在弹出的菜单中选择"自定义目录"命令（见图 1-58），打开"目录"对话框。

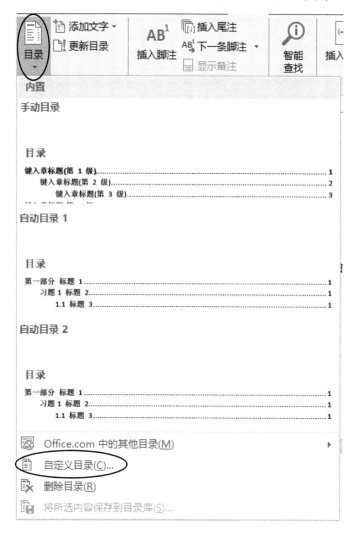

图 1-58　"自定义目录"命令

步骤 6：在"目录"对话框中选择"目录"选项卡，确认已选中"显示页码"和"页码右对齐"复选框，并将"显示级别"改为"3"，如图 1-59 所示。单击"确定"按钮，即可自动生成目录项（注意：目录中若出现了除标题 1、标题 2 和标题 3 之外的项目，可手动删除）。

图1-59 "目录"对话框

（2）生成图索引。与"生成目录"操作步骤类似。

步骤1：将光标定位在"前言"前面。

步骤2：切换到"页面布局"选项卡，单击"页面设置"组中的"分隔符"按钮，在弹出的菜单中选择"下一页"分节符。

步骤3：在新插入的节的开始位置，输入文本"图索引"，此时"图索引"前自动出现了"第1章"字样（即应用了"标题1"的样式）。单击鼠标选中图索引的章序号"第1章"，按Delete键删除。

步骤4：将光标定位在"图索引"后，按2次回车键，产生换行。

步骤5：切换到功能区的"引用"选项卡，单击"题注"组中的"插入表目录"按钮，打开"图表目录"对话框。选择"题注标签"为"图"，如图1-60所示，单击"确定"按钮，自动生成图索引项。

（3）生成表索引

与"生成图索引"操作相同，只需更改"题注标签"为"表"即可。

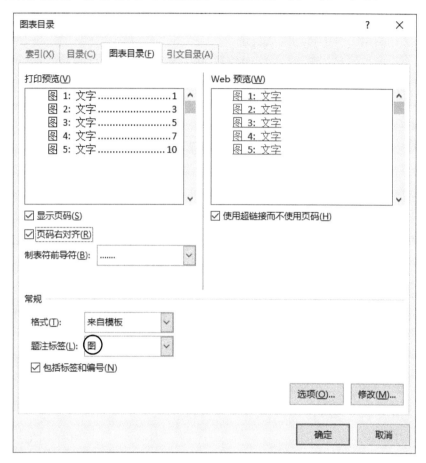

图 1-60　"图表目录"对话框

完成所有上述操作后将文档保存。

三、作业

建立文档"都市.docx"，该文档共由两页组成。要求如下。

（1）第一页内容如下：

第 1 章　浙江

1.1　杭州和宁波

第 2 章　福建

2.1　福州和厦门

第 3 章　广东

3.1　广州和深圳

要求：章和节的序号为自动编号（多级符号），分别使用样式"标题 1"和"标题 2"。

（2）新建样式"fujian"，使其与样式"标题 1"在文字外观上完全一致，但不会自动添加到目录中，并应用于"第 2 章 福建"。

（3）在文档的第二页中自动生成目录。

（4）对"宁波"添加一条批注，内容为"海港城市"；对"广州和深圳"添加一条修订，删除"和深圳"。

任务 1.4 节、页眉、页脚、页码和域

一、实验目的

（1）掌握页眉与页脚设置，包括页眉和页脚位置、页眉内容、奇偶页不同等设置。

（2）掌握分隔符的概念及插入各种分隔符操作，包括节及节的起始页、分页符等。

（3）掌握域的概念，能按要求创建域、插入域、更新域。常用的域有 Page 域［当前页码］、NumPages 域［文档页数］、Section 域［目前节次］、Index 域［索引］、StyleRef 域［指定样式文本］、CreateDate 域［文档创建日期］、Author 域［文档作者］、NumWords［文档字数］。

（4）掌握正确使用页码的方法，包括插入页码、页数，设置页码格式。

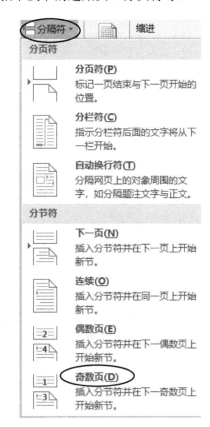

图 1-61 插入"奇数页"分节符

二、实验内容及操作步骤

打开文件"毕业设计.docx"，完成以下工作。

1. 使用适合的分节符，对正文进行分节。添加页脚，使用域插入页码，居中显示。

（1）正文中每章为单独一节，页码总是从奇数页开始的。操作步骤如下。

步骤 1：将光标定位在"前言"前面。

步骤 2：切换到"布局"选项卡，单击"页面设置"组中的"分隔符"按钮，在弹出的"分隔符"下拉菜单中选择"奇数页"分节符，如图 1-61 所示。

步骤 3：按同样的操作方法给其余各章插入"奇数页"分节符。

（2）正文前的节（目录、图索引和表索引所在的节，论文封面和摘要页不加页码），其页码采用"i，ii，iii，…"格式，页码连续。

操作步骤如下。

步骤 1：将光标定位在正文前的节中，如目录所在的页。

步骤 2：切换到功能区中的"插入"选项卡，在"页眉和页脚"组中单击"页码"按钮，在弹出的菜单中选择位置合适的页码显示（如图 1-62 所示）。此时功能区中显示了"页眉和页脚工具—设计"选项卡。

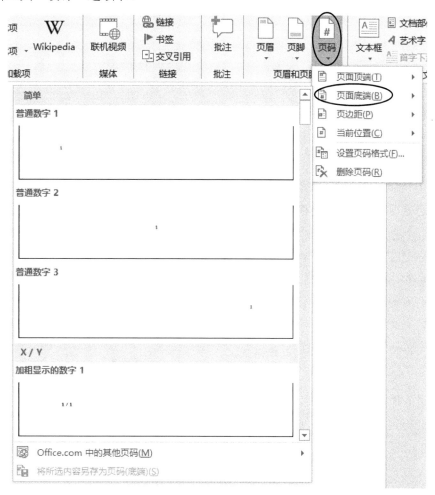

图 1-62　选择页码显示的位置

步骤 3：在"页眉和页脚工具—设计"选项卡中，单击"页眉和页脚"组中的"页码"按钮，在弹出的"页码"下拉菜单中选择"设置页码格式"命令（如图 1-63 所示），打开"页码格式"对话框。在该对话框中，选择"编号格式"为"I, ii, iii, …"，并设置"起始页码"为"i"，如图 1-64 所示。单击"确定"按钮。

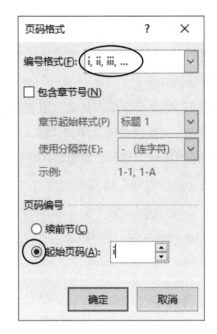

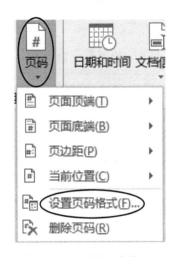

图 1-63 "页码"菜单

图 1-64 设置"目录"页的页码格式

步骤 4：将光标定位于"图索引"页的页脚处（此时可看到已有页码插入，但是格式不对）。单击"页眉和页脚"组中的"页码"按钮，在弹出的"页码"下拉菜单中选择"设置页码格式"命令，打开"页码格式"对话框。选择"编号格式"为"i, ii, iii, …"，并选择"页码编号"为"续前节"，如图 1-65 所示。单击"确定"按钮。

同理，设置"表索引"页的页码格式。

步骤 5：（若正文之前无空白页，则不需要进行步骤 5、步骤 6 操作）这时正文之前可能出现一页空白页，则将光标定位在空白页页脚的页码处，单击"导航"组中的"链接到前一条页眉"按钮，使之处于未选中状态，取消与上一节相同的格式，原本显示的文本"与上一节相同"会消失（比较图 1-66 与图 1-67 的不同之处）。

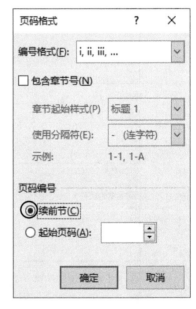

图 1-65 设置"图索引"页的页码格式

图 1-66 未取消链接的页脚

图 1-67　取消链接的页脚

步骤 6：删除空白页的页码。

（3）正文中的节，页码采用"1, 2, 3, …"格式，形式为 X/Y，X 为当前页码，页码连续，Y 为总页数。

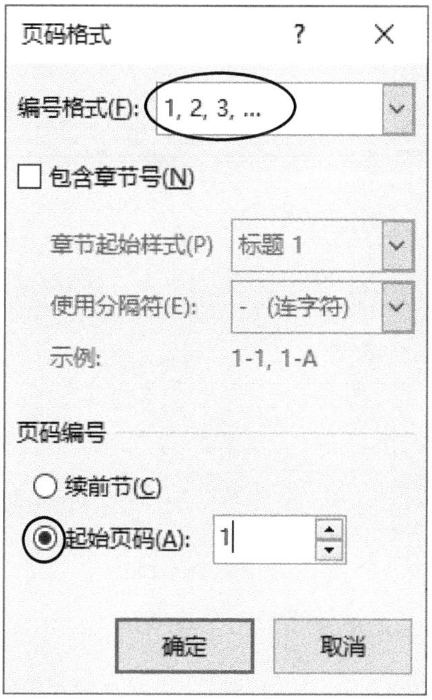

操作步骤如下。

步骤 1：将光标定位于正文第 1 页的页脚处，单击"导航"组中的"链接到前一条页眉"按钮，取消与上一节相同的格式。

步骤 2：单击"页眉和页脚"组中的"页码"按钮，在弹出的"页码"下拉菜单中选择"设置页码格式"命令，打开"页码格式"对话框。选择"编号格式"为"1, 2, 3, …"，并设置"起始页码"为"1"，如图 1-68 所示。单击"确定"按钮。

步骤 3：再次单击"页眉和页脚"组中的"页码"按钮，在弹出的"页码"下拉菜单中选择"页面底端"下的居中显示的页码，如图 1-69 所示，这时在页脚处出现页码 1。

步骤 4：在 1 后输入"/"，将光标定位在"/"后，切换到"插入"选项卡，在"文本"组中单击"文档部件"按钮，在弹出的菜单中选择"域"命令（如图 1-70 所示），打开"域"对话框。

图 1-68　设置正文页码格式

步骤 5：在"域"对话框中，选择"类别"为"文档信息"；"域名"为"NumPages"；"格式"为"1, 2, 3, …"，如图 1-71 所示。单击"确定"按钮，插入了总页数。单击"关闭"组中的"关闭页眉和页脚"按钮，返回到正文编辑状态，也可以在正文任意地方双击鼠标返回到正文编辑状态。

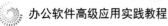
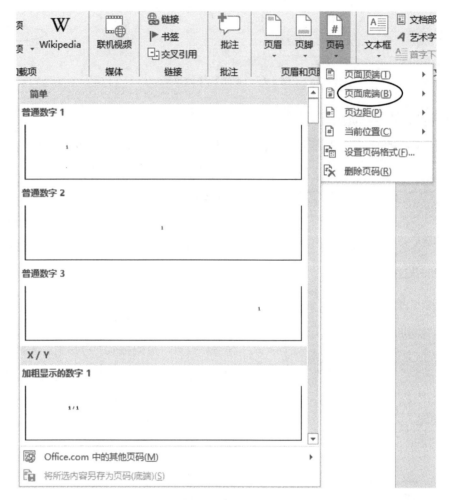

图 1-69　插入正文页码

图 1-70　选择"域"命令

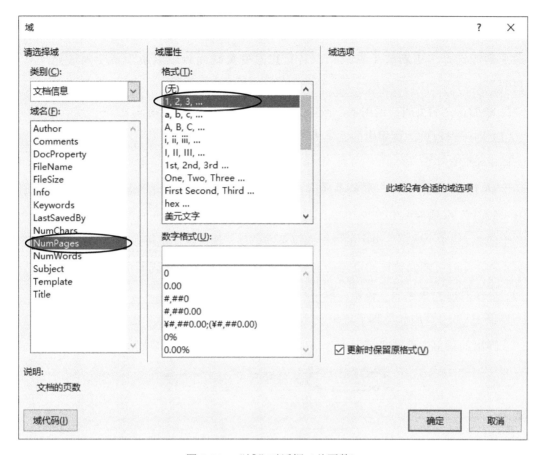

图 1-71　"域"对话框（总页数）

（4）更新目录、图索引和表索引。

单击"目录"页的任一目录项，切换到功能区中的"引用"选项卡，单击"目录"组中的"更新目录"按钮（也可以在目录上右击，在弹出的快捷菜单中选择"更新域"命令或按 F9 键），打开"更新目录"对话框。在该对话框中选择"更新整个目录"单选按钮，如图 1-72 所示。单击"确定"按钮后就更新了整个目录；也可以在目录上单击鼠标右键，在打开的快捷菜单中选择"更新域"命令来完成相同的操作（注意：目录中若出现了除标题 1、标题 2 和标题 3 之外的项目，可手动删除）。

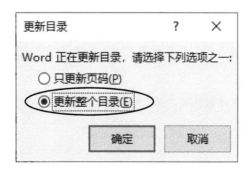

图 1-72　"更新目录"对话框

同理，依次更新"图索引"目录和"表索引"目录。提示：若目录或索引的内容有改变则应选择"更新整个目录"；若只想改变页码而目录索引项不变则选择"只更新页码"。

2. 添加正文的页眉。使用域，按以下要求添加内容，居中显示。

（1）对于奇数页，页眉中的文字为"章序号"+"章名"。

操作步骤如下。

步骤 1：双击正文第一页的页眉区，进入页眉编辑状态（此时显示了"页眉和页脚工具—设计"选项卡）。

步骤 2：选中"选项"组中的"奇偶页不同"复选框（注：也可以在页面设置中设置奇偶页不同，此时可能偶数页的页码会消失，在偶数页再次插入页码即可）。单击"导航"组中的"链接到前一条页眉"按钮，取消与上一节相同的格式。

步骤 3：在"页眉和页脚工具—设计"选项卡中，单击"插入"组中的"文档部件"按钮，在弹出的菜单中选择"域"命令（如图 1-73 所示），打开"域"对话框。

图 1-73　选择"域"命令

步骤 4：在"域"对话框中，选择"类别"为"链接和引用"；"域名"设为"StyleRef"；"样式名"设为"标题 1"；"域选项"选中"插入段落编号"复选框，如图 1-74 所示。单击"确定"按钮，页面中插入了章序号。

步骤 5：重复步骤 3，在打开的"域"对话框中设置图 1-74 所示的"类别""域名""样式名"，不同之处为"域选项"下不选择"插入段落编号"复选框。单击"确定"按钮，页面中插入了章名。

注意：为规范起见，在"章序号"和"章名"之间插入一个空格。

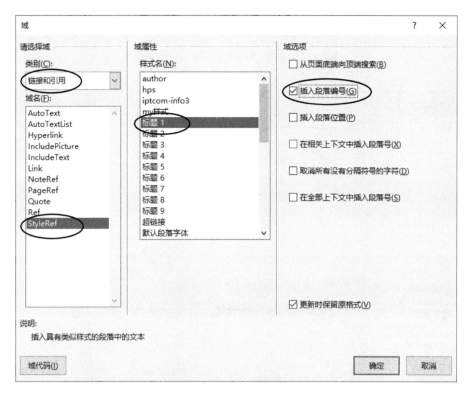

图 1-74　"域"对话框（插入章序号）

（2）对于偶数页，页眉中的文字为"本科毕业设计（论文）"。

操作步骤如下。

步骤 1：将光标定位正文第 2 页（偶数页）页眉中，单击"导航"组中的"链接到前一条页眉"按钮，取消与上一节相同的格式。

步骤 2：输入"本科毕业设计（论文）"，返回正文编辑状态即可。

注：由于前面设置了"奇偶页不同"，可能会使得偶数页页脚处没有页码显示。此时只需在偶数页页脚中再次插入居中页码即可。

3. 在封面中统计论文字数，为保证每次修改论文增减内容而不需要重新统计论文字数，利用"域"统计论文字数（粗略统计）。

操作步骤如下。

步骤 1：将光标定位在论文字数后面的横线上。

步骤 2：在"页眉和页脚工具—设计"选项卡中，单击"插入"组中的"文档部件"按钮，在弹出的菜单中选择"域"命令（见图 1-75），打开"域"对话框。

步骤 3：在"域"对话框中，选择"类别"为"文档信息"，"域名"设为"NumWords"，如图 1-76 所示。单击"确定"按钮，插入字数。

图 1-75　选择"域"命令

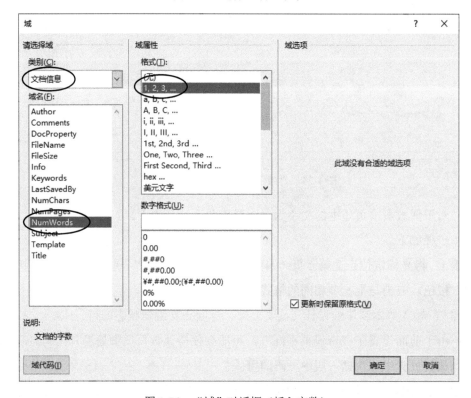

图 1-76　"域"对话框（插入字数）

4. 在封面中插入论文完成日期，为保证每次修改论文而不需要修改论文最后完成日期，利用"域"插入论文完成时间（即当前时间）。

操作步骤如下。

步骤 1：将光标定位在论文完成日期后面的横线上。

步骤 2：在"页眉和页脚工具—设计"选项卡中，单击"插入"组中的"文档部件"按钮，在弹出的菜单中选择"域"命令（见图 1-77），打开"域"对话框。

图 1-77　选择"域"命令

步骤 3：在"域"对话框中，选择"类别"为"日期和时间"；"域名"设为"Date"，并从提供的"日期格式"中选择需要的格式"2020 年 9 月 16 日"，在"日期格式"中输入"yyyy'年'M'月'd'日'"，如图 1-78 所示。单击"确定"按钮，页面中插入了当前时间。

注：插入其他域方法同 NumPages 域、StyleRef 域、NumWords 域和 Date 域，这里就不再赘述。

完成上述所有操作后保存文档。

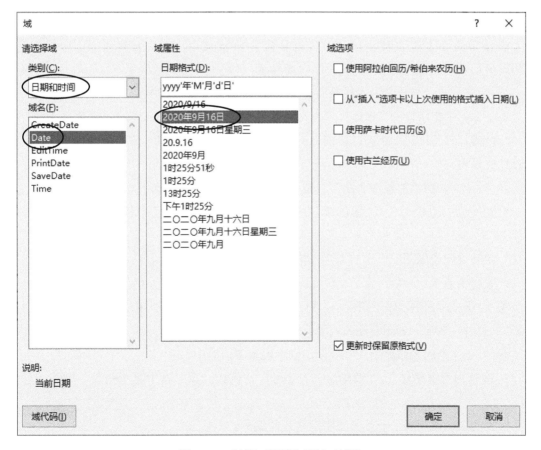

图 1-78　"域"对话框（插入日期）

三、作业

1. 建立文档"MyDoc.docx"，共有两页组成。要求：

（1）文档总共有 6 页，第 1 页和第 2 页为一节，第 3 页和第 4 页为一节，第 5 页和第 6 页为一节。

（2）每页显示内容均为三行，左右居中对齐，样式为"正文"。第一行显示：第 x 节（使用域 Section）；第二行显示：第 y 页；第三行显示：共 z 页。其中，x，y，z 是使用插入的域自动生成的，并以中文数字（壹、贰、叁）的形式显示。

（3）每页行数均设置为 40，每行 30 个字符。每行文字均添加行号，从"1"开始，每节重新编号。

2. 打开文档"任务 4.docx"，完成以下练习题。

（1）对正文进行排版。

① 使用多级符号对章名、小节名进行自动编号，代替原始的编号。要求如下。

* 章号的自动编号格式为第 X 章（如第 1 章），其中 X 为自动排序，阿拉伯数字序号，对应级别 1，居中显示。

* 小节名自动编号格式为 X.Y，X 为章数字序号，Y 为节数字序号（如 1.1），X、Y 均为阿拉伯数字序号，对应级别 2，左对齐显示。

② 新建样式，样式名为"样式"+考生准考证号后 5 位。其中，

* 字体：中文字体为"楷体"，西文字体为"Time New Roman"，字号为"小四"。

* 段落：首行缩进 2 字符，段前 0.5 行，段后 0.5 行，行距 1.5 倍；两端对齐，其余格式，默认设置。

③ 对正文的图添加题注"图"，位于图下方，居中。要求如下。

* 编号为"章序号"-"图在章中的序号"（例如，第 1 章中第 2 幅图，题注编号为 1-2）。

* 图的说明使用图下一行的文字，格式同编号。

* 图居中显示。

④ 对正文中出现"如下图所示"的"下图"两字，使用交叉引用。将"下图"改为"图 X-Y"，其中"X-Y"为图题注的编号。

⑤ 对正文中的表添加题注"表"，位于表上方，居中。

* 编号为"章序号"-"表在章中的序号"，例如，第 1 章中第 1 张表，题注编号为 1-1。

* 表的说明使用表上一行的文字，格式同编号。

* 表居中，表内文字不要求居中。

⑥ 对正文中出现"如下表所示"中的"下表"两字，使用交叉引用。将"下表"改为"表 X-Y"，其中"X-Y"为表题注的编号。

⑦ 正文中首次出现"Photoshop"的地方插入脚注。添加文字"Photoshop 由 Michigan 大学的研究生 Thomas 创建"。

⑧ 将②中的样式应用到正文中无编号的文字，不包括章名、小节名、表文字、表和图的题注、尾注。

（2）在正文前按序插入三节，使用 Word 提供的功能，自动生成如下内容。

① 第 1 节：目录。其中，"目录"使用样式"标题 1"，并居中；"目录"下为目录项。

② 第 2 节：图索引。其中，"图索引"使用样式"标题 1"，并居中；"图索引"下为图索引项。

③ 第 3 节：表索引。其中，"表索引"使用样式"标题 1"，并居中；"表索引"下为表索引项。

（3）使用适合的分节符，对正文进行分节。添加页脚，使用域插入页码，居中显示。要求如下。

① 正文前的节，页码采用"i，ii，iii，…"格式，页码连续。

② 正文中的节，页码采用"1，2，3，…"格式，页码连续。

③ 正文中每章为单独一节，页码总是从奇数页开始的。

④ 更新目录、图索引和表索引。

（4）添加正文的页眉。使用域，按以下要求添加内容，居中显示。其中，

① 对于奇数页，页眉中的文字为：章序号　章名，例如，第 1 章　XXX。

② 对于偶数页，页眉中的文字为：节序号　节名，例如，1.1　XXX。

任务 1.5　邮件合并

一、实验目的

（1）掌握在 Word 中邮件合并功能的使用方法。

（2）掌握页面设置，包括多页、纸张大小、纸张方向、页面对齐方式等设置。

（3）掌握节的使用。

二、实验内容及操作步骤

问题描述：又到了毕业季，计算机专业学生在毕业之即举行毕业晚会，要邀请全系教师参加他们的晚会，为表诚意学生决定自制一份邀请函，并向全体教师发出邀请。

毕业生利用所学高级办公自动课程知识设计了邀请函，具体格式如下：

（1）在一张 A4 纸上，正反面书籍折页打印，横向对折后，从右侧打开。

（2）页面（一）和页面（四）打印在 A4 纸的同一面；页面（二）和页面（三）打印在 A4 纸的另一面。

（3）4 个页面要求显示如下内容：

➢　页面（一）显示"邀请函"三个字，上下左右均居中对齐显示，竖排，字体为隶书，72 号。

➢　页面（二）显示两行文字，行（一）"XXX 老师："，行（二）"晚会定于 2021 年 6 月 14 日，在大学生活动中心举行，敬请光临。"文字横排。

➢　页面（三）显示"晚会安排"，文字横排，居中，应用样式"标题 1"。

➢　页面（四）显示两行文字，行（一）为"2021 年 6 月 14 日"，行（二）为"大学生活动中心"。竖排，左右居中显示。

（4）利用邮件合并功能，为全系每位教师生成一份邀请函，打印后送给到每位教师，同时也以电子邮件形式发给每位教师。

1. 设计邀请函。

操作步骤如下。

步骤 1：新建一个空白文档。切换到功能区中的"页面布局"选项卡，单击"页面设置"组中的"页面设置"按钮，打开"页面设置"对话框。在"页边距"选项卡中，页码范围选择"多页"下的"（反向）书籍折页"；在"纸张"选项卡中，"纸张大小"选择"A4"。单击"确定"按钮完成设置。

步骤 2：单击"页面设置"组中的"分隔符"按钮，在弹出的菜单中选择"下一页"。重复该步骤 2 次，插入 3 页。

步骤 3：在第 1 页中，输入页面（一）的内容"邀请函"。

步骤 4：选中文本"邀请函"，切换功能区中的"开始"选项卡。在"字体"组中设置其字体和字号；在"段落"组中设置其居中显示方式。

步骤 5：切换到功能区中的"布局"选项卡，单击"页面设置"组中的"页面设置"按钮，打开"页面设置"对话框。在"版式"选项卡中，设置页面的"垂直对齐方式"为"居中"，"应用于"为"本节"；在"文档网格"选项卡中，设置"文字排列方向"为"垂直"，"应用于"为"本节"。单击"确定"按钮完成设置。

步骤 6：在第 2 页中，输入页面（二）的内容。

步骤 7：在第 3 页中，输入页面（三）的内容，使其居中并应用"标题 1"样式。

步骤 8：在第 4 页中，输入页面（四）的内容。设置方法同步骤 5。

步骤 9：将文档保存，文件名为邀请函.docx。

2. 创建教师信息 Excel 表格 teacher.xlsx。

创建的教师信息表如图 1-79 所示。

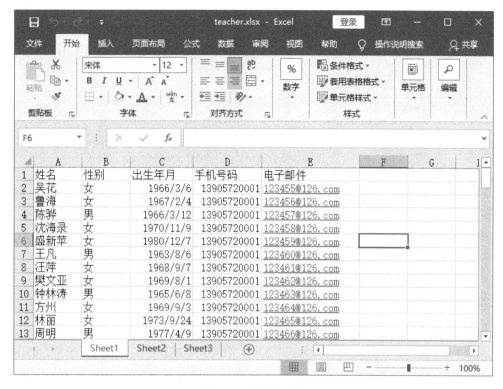

图 1-79　教师信息表

3. 将 Excel 中的教师信息合并到邀请函中。

操作步骤如下。

步骤 1：切换到功能区中的"邮件"选项卡，单击"开始邮件合并"组中的"开始邮件合并"按钮，在弹出的菜单中选择"信函"命令，如图 1-80 所示，这一步也可以省略。

步骤 2：单击"选择收件人"按钮，在弹出的菜单中选择"使用现有列表"命令（如图 1-81 所示），打开"选取数据源"对话框。

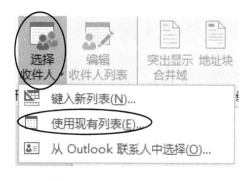

图 1-80　"开始邮件合并"菜单　　　　　　　图 1-81　"选择收件人"菜单

步骤 3：在"选取数据源"对话框中，选择新建的数据源文档 teacher.xlsx。再单击"打开"按钮，打开"选择表格"对话框，在该对话框中选择"Sheet1$"（见图 1-82），单击"确定"按钮。

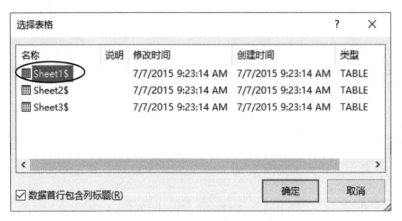

图 1-82　"选择表格"对话框

步骤 4：将光标定位在文本"老师："之前，切换到功能区"邮件"选项卡下，单击"编写和插入域"组中的"插入合并域"按钮，在弹出的菜单中选择"姓名"，如图 1-83 所示。

此时，文本"老师："之前出现了"《姓名》"。

步骤 5：单击"完成"组中的"完成并合并"按钮，在弹出的菜单中选择"编辑单个文档"命令（见图 1-84），打开"合并到新文档"对话框。在该对话框中确认选择"全部"单选按钮（见图 1-85），单击"确定"按钮，生成一个合并后的新文档（该新文档的各页面分别保存了各个老师的情况，默认的文件名为"信函 1"）。

图 1-83　"插入合并域"菜单

图 1-84　"完成并合并"菜单

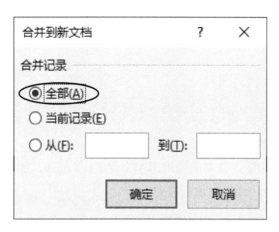

图 1-85　"合并到新文档"对话框

步骤 6：将新文档保存名为"老师邀请函.docx"。

4. 将 Excel 中的教师信息合并到邀请函电子邮件中。

操作步骤如下。

步骤 1~步骤 4：同上。

步骤 5：单击"完成"组中的"完成并合并"按钮，在弹出的菜单中选择"发送电子邮件"命令（见图 1-86），打开"合并到电子邮件"对话框。在该对话框中确认选择"全部"单选按钮（见图 1-87），单击"确定"按钮即可。

图 1-86　"完成并合并"菜单（2）　　　图 1-87　"合并到电子邮件"对话框

注：要能正确发送电子邮件必须在你的计算机上安装如 OutLook 等邮件收发软件，否

则不能将邮件发送出去。

三、作业

1. 邮件合并，要求：

（1）建立考生信息表（Ks.xlsx），如表 1-1 所示。

（2）使用邮件合并功能，建立成绩单范本文件 Ks_T.docx，如图 1-88 所示。

（3）生成所有考生的信息单"Ks.docx"。

表 1-1　考生信息表

准考证号	姓名	性别	年龄
8011400001	张三	男	22
8011400002	李四	女	18
8011400003	王五	男	21
8011400004	赵六	女	20
8011400005	吴七	女	21
8011400006	陈一	男	19

准考证号：《准考证号》

姓名	《姓名》
性别	《性别》
年龄	《年龄》

图 1-88　成绩单范本文件

2. 新年来临，公司宣传部需要为销售部门设计并制作一份新年贺卡及包含邮寄地址的标签，由销售部门分送给相关客户。按照下列要求完成贺卡及标签的设计和制作。

（1）打开考生文件夹下的文档"Word 素材.docx"。

（2）参照示例文档"贺卡样例.PDF"，按照下列要求，对主文档"Word 素材.docx"中的内容进行设计排版，要求所有内容排在一页中，不得产生空白页：

① 将张纸大小自定义为宽 18 厘米、高 26 厘米，上边距 13 厘米，下、左、右页边距均为 3 厘米。

② 将考生文件夹下的图片"背景.jpg"作为一种"纹理"形式设置为页面背景。

③ 在页眉中居中显示内容为"恭贺新禧"的艺术字并适当调整其大小和位置及方向。

④ 在页面的居中位置绘制一条贯穿页面且与页面等宽的虚横线，要求其相对于页面水

平垂直均居中。

⑤ 参考示例"贺卡样例.PDF"，对下半部分文本的字体、字号、颜色、段落等格式进行修改。

（3）按照下列要求，为指定的客户每人生成一份贺卡：

① 在文档"Word 素材.docx"中，在"尊敬的"之后插入客户姓名，在姓名之后按性别插入"女士"或"先生"字样，客户资料保存在 Excel 文档"客户通讯录.xlsx"中。

② 为所有北京、上海和天津的客户每人生成一份独占页面的贺卡，结果以"贺卡.docx"为文件名保存在考生文件夹下，其中不得包含空白页。同时对主文档"Word 素材.docx"的操作结果进行保存。

（4）参考图 1-89 所示标签样例，为每位已拥有贺卡的客户制作一份贴在信封上用于邮寄的标签，要求如下：

图 1-89 标签主文档样例

① 在 A4 纸上制作名称为"地址"的标签，标签宽 13 厘米、高 4.6 厘米，标签距纸张上边距 0.7 厘米、左边距 2 厘米，标签之间间隔 1.2 厘米，每页 A4 纸上打印 5 张标签。将标签主文档以"Word2.docx"为文件名进行保存。

② 根据样例所示，在标签主文档中输入相关内容、插入相关客户信息，并进行适当的排版，要求"收件人地址"和"收件人"两组文本均占用 7 个字符宽度。

③ 仅为上海和北京的客户每人生成一份标签，文档以"标签.docx"为文件名保存在考

生文件夹下。同时保存标签主文档"Word2.docx"。

任务 1.6 主控文档、索引

一、实验目的

（1）掌握长文档编辑，包括主控文档、子文档创建、编辑和插入等。

（2）掌握索引操作，包括理解索引相关概念、索引词条文件、自动化创建索引等。

二、实验内容及操作步骤

1. 问题描述

某毕业生在完成毕业论文时，将论文的每一章、论文的封面、参考文献等内容都以一个文件保存在一个名为"毕业论文"的文件夹中进行统一管理，但在打印论文时又碰到了小问题——要打开每一个文件就显得较为烦琐。Word 2019 有什么简便方法呢？"主控文档"就是 Word 2019 提供解决该问题的方法。

操作步骤如下。

步骤 1：打开封面所在的文件作为主控文件。

步骤 2：切换到功能区的"视图"选项卡，单击"文档视图"组中的"大纲视图"按钮，打开"大纲显示"选项卡。单击"主控文档"组中的"显示文档"按钮，展开其余按钮。

步骤 3：单击"主控文档"组中的"插入"按钮，打开"插入子文档"对话框。在"插入子文档"对话框中，选择"毕业论文"文件夹下的"前言.docx"文件。单击"打开"按钮。

步骤 4：同理，重复步骤 3，依次把论文的所有子文档插入新文档中，并保存新文档。

2. 问题描述

某英语老师编写英语教科书。他要对英语文章中的核心词汇做一个单词表。单词表对核心词汇注明中文解释和所在页码。

该老师想到了使用 Word 2019 中的自动索引功能来完成单词表的制作。

操作步骤如下。

步骤 1：打开制作单词表的英语书文件"英语教科书.docx"。

步骤 2：切换到功能区的"引用"选项卡，单击"索引"组中的"插入索引"按钮，打开如图 1-90 所示的"索引"对话框。单击"自动标记"按钮，打开如图 1-91 所示的"打开索引自动标记文件"对话框，选择"索引.docx"文件，然后单击"打开"按钮。

步骤 3：重复步骤 2，此时只要单击"确定"按钮，得到如图 1-92 所示的单词表。

图 1-90　"索引"对话框

图 1-91　"打开索引自动标记文件"对话框

contemn·侮辱,蔑视..............→..........1↵ perfect···使完善;使完美..........→.........1↵

contend··(尤指在争论中)声称,主张,认为1↵ discourse·论文 ....→...........1↵

confer···商讨;协商.............→...........1↵

图 1-92　自动索引结果

三、作业

1. 建立主控文档 Main.docx，按序创建子文档 Sub1.docx、Sub2.docx、Sub3.docx。其中：

（1）Sub1.docx 中第一行内容为"Sub[1]"，第二行内容为文档创建的日期（使用域，格式不限），样式为正文。

（2）Sub2.docx 中第一行内容为"Sub[2]"，第二行内容为"➜"，样式均为正文（提示"➜"符号输入为"==>"输入后会自动变成"➜"）。

（3）Sub3.docx 中第一行内容为"办公软件高级应用"，样式为正文，将该文字设置为书签（名为 Mark）；第二行为空白行；在第三行中插入书签 Mark 标记的文本。

2. 在考生文件夹的 Paper/Dword 下，建立文档"考试成绩.docx"，该文档有三页，其中：

（1）第一页中第一行内容为"语文"，样式为"标题 1"；页面垂直对齐方式为"居中"；页面方向为纵向、纸张大小为 16 开；页眉内容设置为"90"，居中显示；页脚内容设置为"优秀"，居中显示。

（2）第二页中第一行内容为"数学"，样式为"标题 2"；页面垂直对齐方式为"顶端对齐"；页面方向为横向、纸张大小为 A4；页眉内容设置为"65"，居中显示；页脚内容设置为"及格"，居中显示；对该页面添加行号，起始编号为"1"。

（3）第三页中第一行内容为"英语"，样式为"正文"；页面垂直对齐方式为"底端对齐"；页面方向为纵向、纸张大小为 B5；页眉内容设置为"58"，居中显示；页脚内容设置为"不及格"，居中显示。

任务 1.7　Word 综合实验（一）

一、实验目的

（1）掌握查找与替换的使用。

（2）掌握页面的设置方法。

（3）掌握修订的使用。

（4）掌握自动编号与多级列表的设置方法。

（5）掌握题注与交叉引用的使用。

（6）掌握样式的创建、修改，包括文本样式、段落样式。

（7）掌握图片格式设置，使用图片样式设置图片格式。

（8）掌握脚注、尾注的创建。

（9）掌握页眉与页脚的设置，用域来生成页眉。

（10）掌握分隔符的使用，包括分页符、分节符。

二、实验内容及操作步骤

以下操作在"任务 7.docx"中完成。

1. 对正文进行排版。

（1）使用多级符号对章名、小节名进行自动编号，代替原始的编号。要求：

➢　章号的自动编号格式为：第 X 章（例如：第 1 章），其中 X 为自动排序，阿拉伯数字序号，对应级别 1，居中显示。

➢　小节名自动编号格式为：X.Y，其中 X 为章数字序号，Y 为节数字序号（例如：1.1），X、Y 均为阿拉伯数字序号，对应级别 2，左对齐显示。

（2）新建样式，样式名为："样式"+学号后 5 位。其中：

➢　字体：中文字体为"楷体"，西文字体为"Time New Roman"，字号为"小四"。

➢　段落：首行缩进 2 字符，段前 0.5 行，段后 0.5 行，行距 1.5 倍；两端对齐，其余格式，默认设置。

（3）对正文的图添加题注"图"，位于图下方，居中。要求：

➢　编号为"章序号"-"图在章中的序号"（例如，第 1 章中第 2 幅图，题注编号为 1-2）。

➢　图的说明使用图下一行的文字，格式同编号。

➢　图居中显示。

（4）对正文中出现"如下图所示"的"下图"两字，使用交叉引用。

➢　改为"图 X-Y"，其中"X-Y"为图题注的编号。

（5）对正文中的表添加题注"表"，位于表上方，居中。

➢　编号为"章序号"-"表在章中的序号"（例如，第 1 章中第 1 张表，题注编号为 1-1）。

➢　表的说明使用表上一行的文字，格式同编号。

➢　表居中，表内文字不要求居中。

（6）对正文中出现"如下表所示"中的"下表"两字，使用交叉引用。

➢　改为"表 X-Y"，其中"X-Y"为表题注的编号。

（7）正文中首次出现"Photoshop"的地方插入脚注。

➢　添加文字"Photoshop 由 Michigan 大学的研究生 Thomas 创建。"。

（8）将（2）中的样式应用到正文中无编号的文字，不包括章名、小节名、表文字、表和图的题注、尾注。

2. 在正文前按序插入三节，使用 Word 提供的功能，自动生成如下内容：

（1）第 1 节：目录。其中，"目录"使用样式"标题 1"，并居中；"目录"下为目录项。

（2）第 2 节：图索引。其中，"图索引"使用样式"标题 1"，并居中；"图索引"下为图索引项。

（3）第 3 节：表索引。其中，"表索引"使用样式"标题 1"，并居中；"表索引"下为表索引项。

3. 使用适合的分节符，对正文进行分节。添加页脚，使用域插入页码，居中显示。要求：

（1）正文前的节，页码采用"i，ii，iii，…"格式，页码连续。

（2）正文中的节，页码采用"1，2，3，…"格式，页码连续。

（3）正文中每章为单独一节，页码总是从奇数页开始。

（4）更新目录、图索引和表索引。

4. 添加正文的页眉。使用域，按以下要求添加内容，居中显示。其中：

（1）对于奇数页，页眉中的文字为：章序号章名（例如：第 1 章 XXX）。

（2）对于偶数页，页眉中的文字为：节序号节名（例如：1.1XXX）。

【操作步骤】

1. "对正文进行排版"的操作如下：

（1）使用多级符号对章名、小节名进行自动编号，代替原始的编号。

先设置章号，即"标题 1"。

步骤 1：切换到功能区中的"开始"选项卡，在"段落"组中单击"多级列表"按钮，打开"多级列表"下拉菜单，先在样式列表库中选择一种合适的样表，使之成为当前列表；再次单击"多级列表"按钮，在打开的"多级列表"下拉菜单中选择"定义新的多级列表"命令（见图 1-93），打开"定义新多级列表"对话框，如图 1-94 所示。

图 1-93　"多级列表"下拉菜单

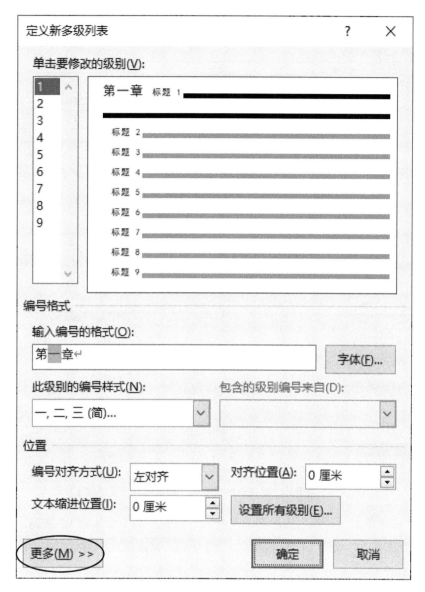

图 1-94　"定义新多级列表"对话框

步骤 2：单击"定义新多级列表"对话框中的"更多"按钮，打开完整的"定义新多级列表"对话框。在"此级别的编号样式"中选择"1，2，3，…"；"将级别链接到样式"选择为"标题 1"，"要在库中显示的级别"选择为"级别 1"，"起始编号"设为"1"，如图 1-95 所示。单击"确定"按钮。

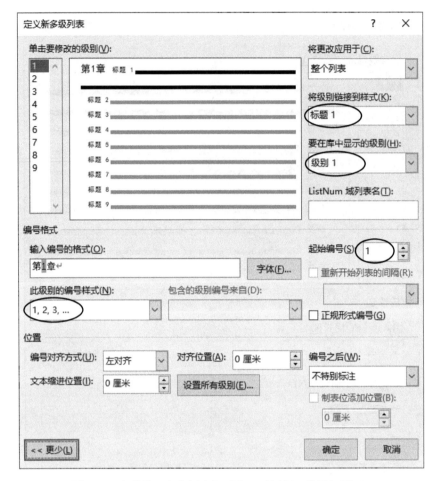

图 1-95　完整的"定义新多级列表"对话框（设置标题 1）

步骤 3：右键单击"开始"选项卡的"样式"组的"第 1 章标题 1"按钮，在弹出的快捷菜单中选择"修改"命令（见图 1-96）。在打开的"修改样式"对话框中，单击"居中"按钮，如图 1-97 所示。

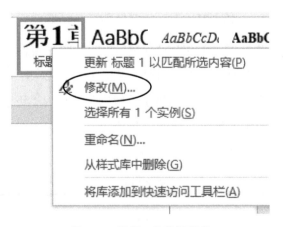

图 1-96　标题 1 的快捷菜单

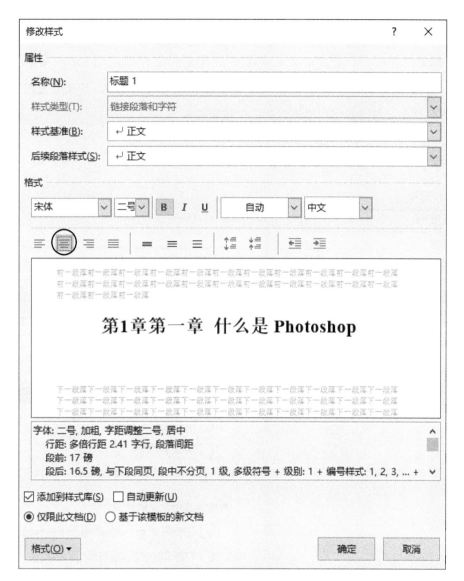

图 1-97　修改"标题 1"的格式

再设置小节名，即"标题 2"。

步骤 1：将第一个小节标题应用样式"标题 2"（若在样式库中无"标题 2"，打开"样式"启动器，选择"选项"（如图 1-98 中左图所示），打开"样式窗格选项"对话框，在"选择要显示的样式"栏中选择"所有样式"，如图 1-98 中右图所示。），按上面步骤 1 的方法打开完整的"定义新多级列表"对话框。"将级别链接到样式"选择为"标题 2"，"要在库中显示的级别"选择为"级别 2"，"起始编号"设为"1"，将"包含的级别编号来自"选择"级别 1"，在"输入编号的格式"栏出现的 1 后输入句点"."同时在"此级别的编号样式"栏中选择"1，2，3，…"，如图 1-99 所示。单击"确定"按钮。

步骤 2：重复前面的步骤 3，在打开的"修改样式"对话框中，单击"左对齐"按钮，设置标题 2 左对齐显示。单击"确定"按钮。

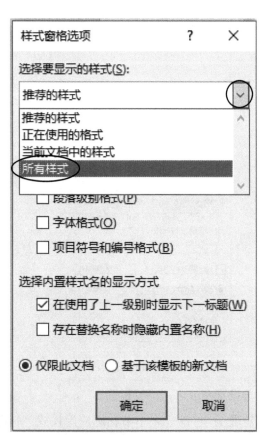

图 1-98　设置样式窗格选项

应用标题 1 和标题 2 样式。

步骤 1：将光标定位在文档的第一行（即章名所在的行）的任何位置，再单击"样式"组中的"标题 1"按钮，应用标题 1 的样式；并删除多余的章序号（自动生成的带灰色底纹的章序号不能删），如图 1-100 所示。其余各章按序同理。

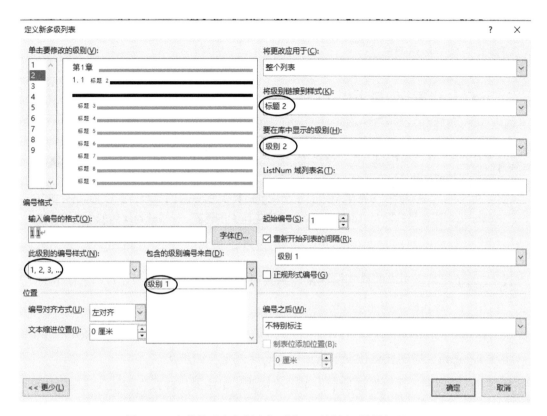

图 1-99　完整的"定义新多级列表"对话框（设置标题 2）

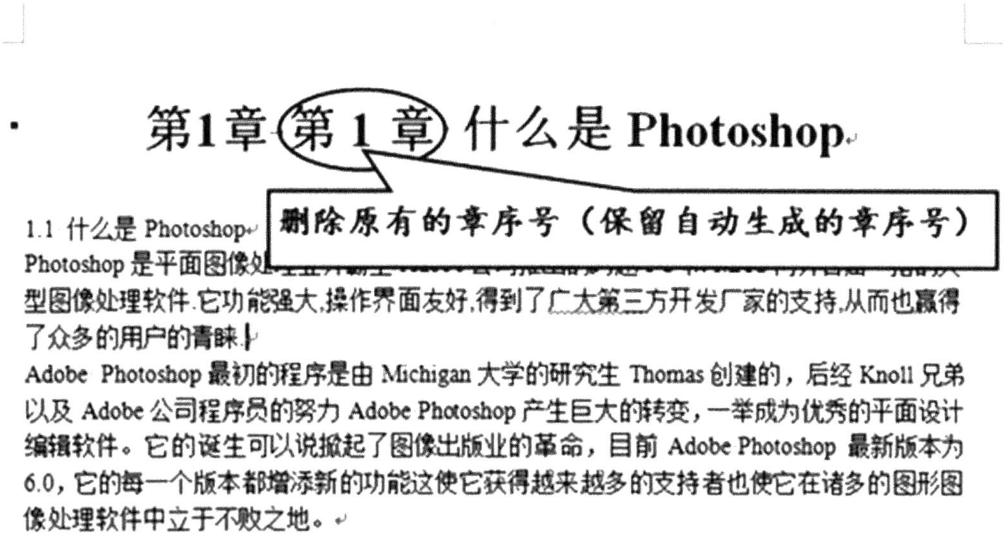

图 1-100　应用"标题 1"样式

步骤 2：将光标定位在文档的 1.1 节所在的行，单击"样式"组中的"标题 2"按钮，应用标题 2 的样式；并删除多余的节号（自动生成的带灰色底纹的不能删），如图 1-101 所示。同理其余各节按序调节。

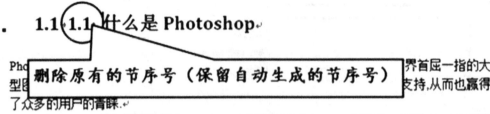

图 1-101　应用"标题 2"样式

提示：为了将某一文本的格式快速复制到其他文本，也可以使用"开始"选项卡的"剪贴板"组中的"格式刷"按钮 ![格式刷] 。

（2）新建样式，样式名为："样式"+学号后 6 位。

步骤 1：在正文中的任意位置单击鼠标，将样式定位在正文中。

步骤 2：切换到"开始"选项卡，单击"样式"组中的"样式"按钮（见图 1-102），打开"样式"任务窗格。

图 1-102　"样式"组中的"样式"按钮

步骤:3：单击"样式"任务窗格中最左下角的"新建样式"按钮（见图 1-103），打开"根据格式化创建新样式"对话框。

步骤 4：在"根据格式化创建新样式"对话框中，输入"名称"为"样式 82101"（假设学号后 5 位是 82101），"样式基准"选择为"正文"，如图 1-103 所示；再单击该对话框左下角的"格式"按钮，选择"字体"选项，在打开的"字体"对话框中按题目要求设置字体，如图 1-104 所示；单击"确定"按钮返回"根据格式化创建新样式"对话框。

图 1-103　"样式"任务窗格中的"新建样式"按钮

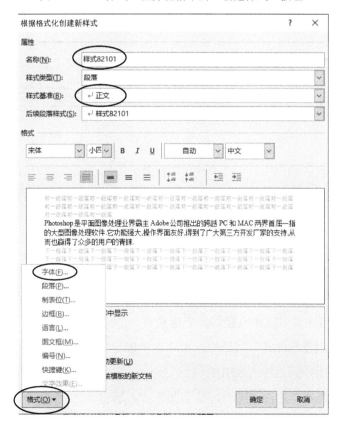

图 1-104　"根据格式化创建新样式"对话框

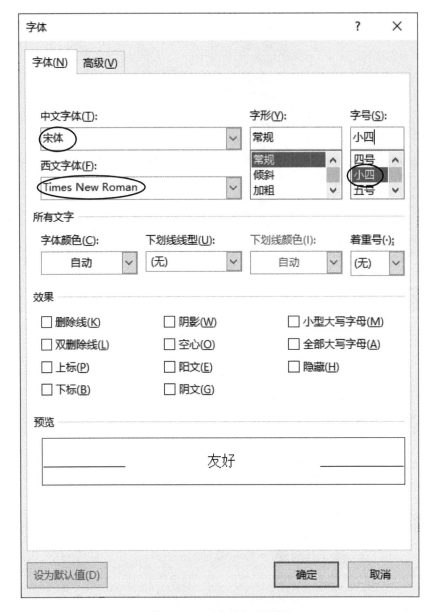

图 1-105　"字体"对话框

步骤 5：在"根据格式化创建新样式"对话框中，单击左下角的"格式"按钮，选择"段落"选项，如图 1-106 所示。在打开的"段落"对话框中按题目要求设置段落（注意：若度量单位不符，可在文本框中直接修改原度量值），如图 1-107 所示。单击"确定"按钮返回"根据格式化创建新样式"对话框，再单击"确定"按钮，即可在"样式"任务窗格中看见设置完毕的新样式"样式 82101"。

（3）对正文的图添加题注"图"，位于图下方，居中。

步骤 1：将光标定位在文档中第一张图片下方的题注前，如图 1-108 所示。

步骤 2：切换到功能区中的"引用"选项卡，单击"题注"组中的"插入题注"按钮，打开"题注"对话框。

步骤 3：在"题注"对话框中，单击"新建标签"按钮，打开"新建标签"对话框，在其中输入文本"图"，如图 1-109 所示。单击"确定"按钮返回"题注"对话框。此时，新建的标签"图"就出现在了"标签"列表框中（若"标签"列表框中有"图"则直接选择）。

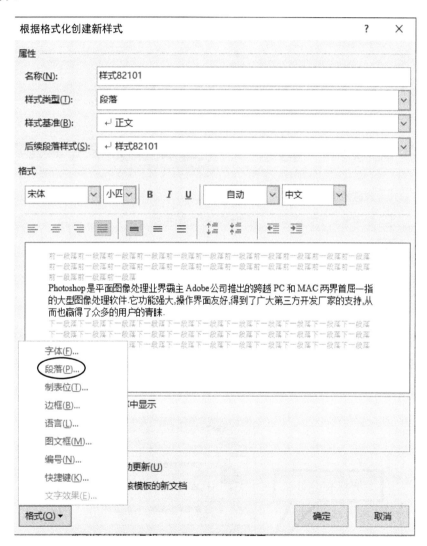

图 1-106　选择"段落"选项

图 1-107　"段落"对话框(上半部分)

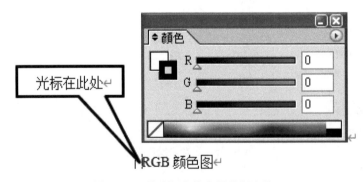

图 1-108　将光标定位在图的题注前

图 1-109 新建标签"图"

步骤 4：在"题注"对话框中，选择刚才新建的标签"图"；再单击"编号"按钮，在打开的"题注编号"对话框中，勾选"包含章节号"复选框，确认"章节起始样式"为"标题 1"（见图 1-110）。单击"确定"按钮，返回"题注"对话框。此时，"题注"文本框中的内容由"图 1"变为"图 1-1"。单击"确定"按钮完成图题注的添加操作。

图 1-110 设置题注编号

注意：为了使图片的题注更加规范，可在题注和图片的说明文字之间插入一个空格。

步骤 5：选中该图片和题注，单击"开始"选项卡的"段落"组中的"居中"按钮，使其居中。

同理，依次设置文档中的题注和图片。

（4）对正文中出现"如下图所示"的"下图"两字，使用交叉引用。

步骤 1：选中第一张图片上方的文本"下图"。

步骤 2：切换到"引用"选项卡，单击"题注"组中的"交叉引用"按钮，打开"交叉引用"对话框。在"交叉引用"对话框中，进行如图 1-111 所示的设置。单击"插入"按钮，并关闭该对话框。

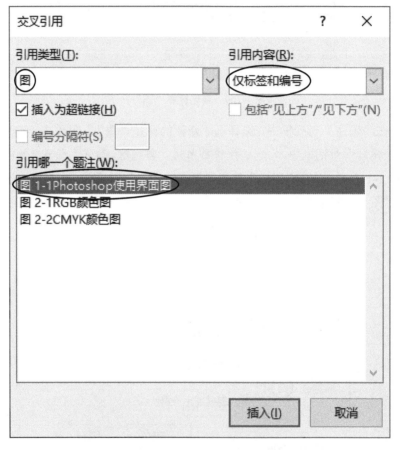

图 1-111　"交叉引用"对话框

同理，依次对文档中其余图片设置交叉引用。

（5）对正文中的表添加题注"表"，位于表上方，居中。

与（3）中的操作方法类似。

步骤 1：将光标定位在第一张表上方的题注前，如图 1-112 所示。

浙江省旅游资源表

地区	地文景观	水域风光	生物景观	遗址遗迹	建筑设施	旅游商品	人文活动
全	553	1396	1000	10777	1069	1160
杭州	278	152	137	166	1640	204	114
宁波	144	86	137	87	1253	85	103
温州	1081	422	192	95	1356	77	43
嘉兴	52	52	65	119	654	81	124
湖州	146	100	122	89	855	86	115
绍兴	233	114	73	82	953	180	226
金华	361	121	166	49	1156	40	54
衢州	334	127	139	92	667	72	119
舟山	270	38	20	64	495	53	72
台州	501	146	133	60	766	75	85
丽水	629	195	212	9797	982	116	106

（光标定位处）

图 1-112　将光标定位在表题注前

步骤 2：切换到功能区的“引用”选项卡，单击“题注”组中的“插入题注”按钮，打开“题注”对话框。

步骤 3：在“题注”对话框中，单击“新建标签”按钮，打开“新建标签”对话框，在其中输入文本“表”，如图 1-113 所示。单击“确定”按钮返回“题注”对话框。此时，新建的标签“表”就出现在了“标签”列表框中。

图 1-113　新建标签“表”

步骤 4：在"题注"对话框中，选择刚才新建的标签"表"；再单击"编号"按钮，在打开的"题注编号"对话框中，勾选"包含章节号"复选框，"章节起始样式"设为"标题1"，如图 1-114 所示。单击"确定"按钮，返回"题注"对话框。此时"题注"文本框中的内容由"表 1"变为"表 2-1"。单击"确定"按钮完成添加表的题注的操作。

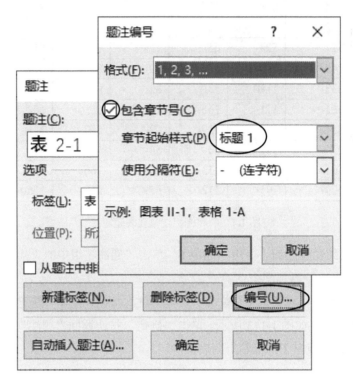

图 1-114　勾选"包含章节号"复选框

注意：为了使表的题注更加规范，可在题注和表的说明文字之间插入一个空格。

步骤 5：选中该题注，单击"开始"选项卡的"段落"组中的"居中"按钮，将表题注居中。再选中该表（注意选取表格而不是只选中表格中的文字），单击"开始"选项卡的"段落"组中的"居中"按钮。

同理，依次设置文档中表的题注和表格。

（6）对正文中出现"如下表所示"中的"下表"两字，使用交叉引用。

同（4）中的操作方法类似。

步骤 1：选中第一个表格上方的文本"下表"。

步骤 2：切换到"引用"选项卡，单击"题注"组中的"交叉引用"按钮，打开"交叉引用"对话框。在"交叉引用"对话框中，进行如图 1-115 所示的设置。单击"插入"按钮，并关闭该对话框。

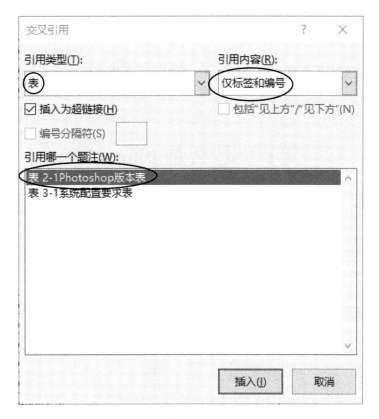

图 1-115　"交叉引用"对话框

同理，依次对文档中其余表格设置交叉引用。

（7）正文中首次出现"Photoshop"的地方插入脚注。

步骤 1：将光标定位在首次出现文本"Photoshop"处。注意：当不能快速找到文本时，可使用查找功能。

步骤 2：切换到功能区中的"引用"选项卡，单击"脚注"组中的"插入脚注"按钮，在本页下方直接输入脚注内容，如图 1-116 所示。

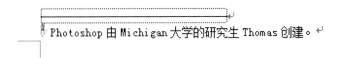

图 1-116　插入脚注

（8）将（2）中的样式应用到正文中无编号的文字。

将光标定位在正文段落的任意位置，单击"样式"任务窗格中的"样式 082101"。依次对其余段落（不含章名、小节名、表文字、表和图的题注、尾注）应用该样式。

注意：为了加快速度，成片的段落可一起选中，再单击"样式"任务窗格中建好的新样式；也可使用"格式刷"按钮来实现。

2. 在正文前按序插入三节，使用 Word 提供的功能,自动生成目录、图索引和表索引。

（1）生成目录。

步骤 1：将光标定位在章序号"第 1 章"后面（需紧跟着章序号），如图 1-117 所示。

第1章 什么是 Photoshop

光标定位处

1.1 什么是 Photoshop

Photoshop 是平面图像处理业界霸主 Adobe 公司推出的跨越 PC 和 MAC 两界

图 1-117　光标定位处

步骤 2：切换到"布局"选项卡，单击"页面设置"组中的"分隔符"按钮，在弹出的菜单中选择分节符"下一页"，如图 1-118 所示。

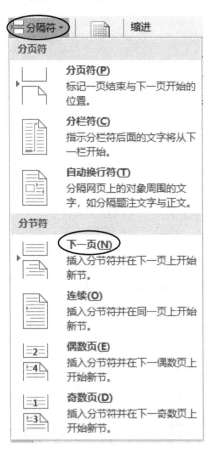

图 1-118　插入"下一页"分隔符

步骤 3：在新插入的节的开始位置，输入文本"目录"，此时"目录"前自动出现了"第 1 章"字样（即应用了"标题 1"的样式），如图 1-119 所示。选中目录的章序号"第 1 章"，按 Delete 键删除。

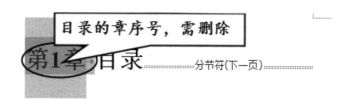

图 1-119　输入"目录"

步骤 4：将光标定位在"目录"后，按回车键 2 次，产生换行。

步骤 5：切换到功能区的"引用"选项卡，单击"目录"组中的"目录"按钮，在弹出的菜单中选择"自定义目录"命令，如图 1-120 所示，打开"目录"对话框。

图 1-120　"目录"菜单

步骤6：在"目录"对话框中选择"目录"选项卡，确认已选中"显示页码"和"页码右对齐"复选框；并将"显示级别"改为"2"，如图 1-121 所示。单击"确定"按钮，即可自动生成目录项。注意：目录中若出现了除标题 1 和标题 2 之外的项目，可手动删除。

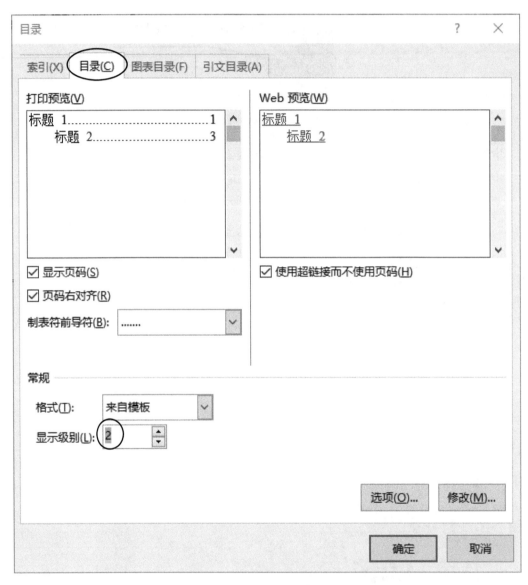

图 1-121　"目录"对话框

（2）生成图索引。与"生成目录"操作步骤类似。

步骤 1：将光标定位在章序号"第 1 章"的后面（需紧跟着章序号）。

步骤 2：切换到"布局"选项卡，单击"页面设置"组中的"分隔符"按钮，在弹出的菜单中选择"下一页"分节符。

步骤 3：在新插入的节的开始位置输入文本"图索引"，此时"图索引"前自动出现了"第 1 章"字样（即应用了"标题 1"的样式）。选中图索引的章序号"第 1 章"，按 Delete 键删除。

步骤 4：将光标定位在"图索引"后，按 2 次回车键，产生换行。

步骤 5：切换到功能区的"引用"选项卡，单击"题注"组中的"插入表目录"按钮，打开"图表目录"对话框。选择"题注标签"为"图"，如图 1-122 所示。单击"确定"按钮，自动生成图索引项。

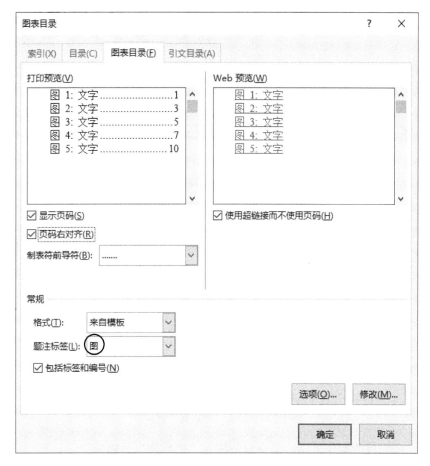

图 1-122　"图表目录"对话框

（3）生成表索引。与"生成图索引"操作相同，只需更改"题注标签"为"表"即可。

3. 使用适合的分节符，对正文进行分节。添加页脚，使用域插入页码，居中显示。

注意：为了使章之间的页码连续，先做第（3）小题。

（3）正文中每章为单独一节，页码总是从奇数页开始。

步骤 1：将光标定位在章序号"第 1 章"的后面（需紧跟着章序号）。

步骤 2：切换到"布局"选项卡，单击"页面设置"组中的"分隔符"按钮，在弹出的"分隔符"下拉菜单中选择"奇数页"分节符，如图 1-123 所示。

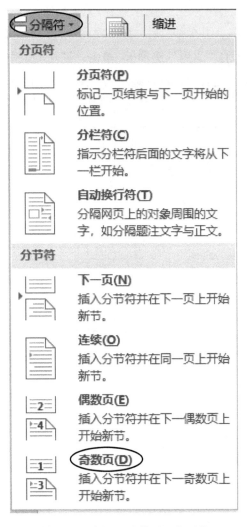

图 1-123　插入"奇数页"分隔符

步骤 3：按同样的操作方法给其余章节插入"奇数页"分隔符。

（1）正文前的节，页码采用"i，ii，iii，..."格式，页码连续。

步骤 1：将光标定位在正文前的节中，如目录所在的页。

步骤 2：切换到功能区的"插入"选项卡，在"页眉和页脚"组中单击"页码"按钮，在弹出的菜单中选择位置合适的页码显示，如图 1-124 所示。此时功能区中显示了"页眉和页脚工具—设计"选项卡。

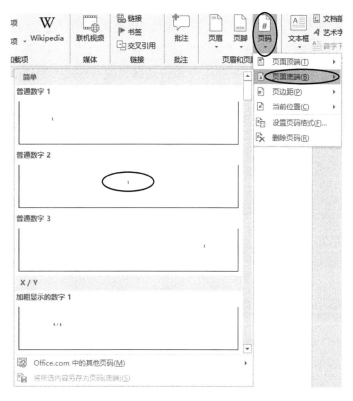

图 1-124　选择页码显示的位置

步骤 3：在"页眉和页脚工具—设计"选项卡中，单击"页眉和页脚"组中的"页码"按钮，在弹出的"页码"下拉菜单中选择"设置页码格式"命令，如图 1-125 所示，打开"页码格式"对话框。在该对话框中，选择"编号格式"为"i，ii，iii，..."，并设置"起始页码"为"i"，如图 1-126 所示。单击"确定"按钮。

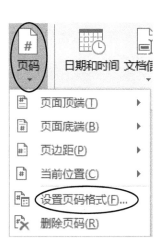

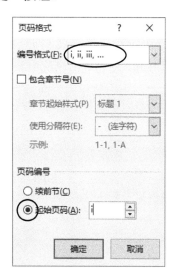

图 1-125　"页码"菜单　　　　图 1-126　设置"目录"页的页码格式

步骤 4：将光标定位于"图索引"页的页脚处（此时可看到已有页码插入，但是格式不对）。单击"页眉和页脚"组中的"页码"按钮，在弹出的"页码"下拉菜单中选择"设置页码格式"命令，打开"页码格式"对话框，选择"编号格式"为"i，ii，iii，..."，并选择"页码编号"为"续前节"，如图 1-127 所示。单击"确定"按钮。

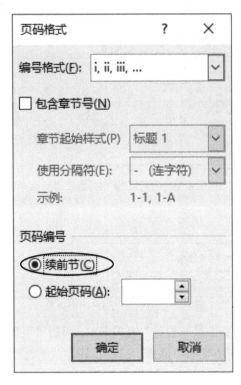

图 1-127 设置"图索引"页的页码格式

同理，设置"表索引"页的页码格式。

步骤 5：将光标定位在第 4 页（即空白页）页脚的页码处，单击"导航"组中的"链接到前一条页眉"按钮，使之处于未选中状态，如图 1-128 所示，取消与上一节相同的格式，原本显示的文本"与上一节相同"会消失，如图 1-129 所示。

图 1-128 未取消链接的页脚

图 1-129 取消链接的页脚

步骤 6：删除第 4 页的页码。

（2）正文中的节，页码采用"1，2，3，…"格式，页码连续。

步骤 1：将光标定位于正文第 1 页的页脚处，单击"导航"组中的"链接到前一条页眉"按钮，取消与上一节相同的格式。

步骤 2：单击"页眉和页脚"组中的"页码"按钮，在弹出的"页码"下拉菜单中选择"设置页码格式"命令，打开"页码格式"对话框。选择"编号格式"为"1, 2, 3, …"，并设置"起始页码"为"1"，如图 1-130 所示。单击"确定"按钮。

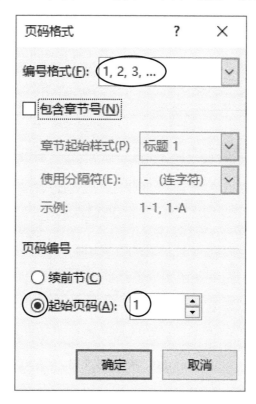

图 1-130 设置正文页码格式

步骤 3：再次单击"页眉和页脚"组中的"页码"按钮，在弹出的"页码"下拉菜单中选择"页面底端"下的居中显示的页码，如图 1-131 所示。单击"关闭"组中的"关闭页眉和页脚"按钮，返回到正文编辑状态。

（4）更新目录、图索引和表索引。

单击"目录"页的任一目录项，切换到功能区的"引用"选项卡，单击"目录"组中的"更新目录"按钮，打开"更新目录"对话框。选择"更新整个目录"单选按钮，如图 1-132 所示。单击"确定"按钮就更新了整个目录（注意：目录中若出现了除标题 1 和标题 2 之外的项目，可手动删除）。

同理，依次更新"图索引"目录和"表索引"目录（此时只需选择"只更新页码"）。

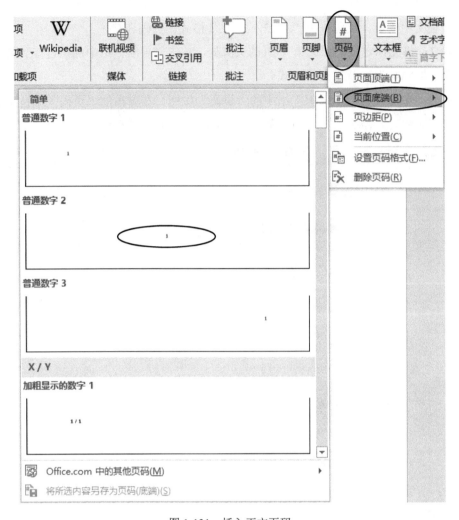

图 1-131　插入正文页码

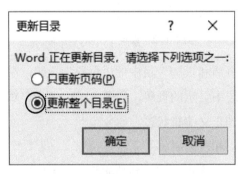

图 1-132　"更新目录"对话框

4. 添加正文的页眉。使用域，按以下要求添加内容，居中显示。其中：

（1）对于奇数页，页眉中的文字为"章序号"+"章名"。

步骤 1：双击正文第一页的页眉区，进入页眉编辑状态（此时显示了"页眉和页脚工具—设计"选项卡）。

步骤 2：勾选"选项"组中的"奇偶页不同"复选框；单击"导航"组中的"链接到前一条页眉"按钮，取消与上一节相同的格式。

步骤 3：在"页眉和页脚工具—设计"选项卡中，单击"插入"组中的"文档部件"按钮，在弹出的菜单中选择"域"命令（如图 1-133 所示），打开"域"对话框。

图 1-133　选择"域"命令

步骤 4：在"域"对话框中，选择"类别"为"链接和引用"；"域名"为"StyleRef"；"样式名"为"标题 1"；"域选项"下勾选"插入段落编号"，如图 1-134 所示。单击"确定"按钮，插入了章序号。

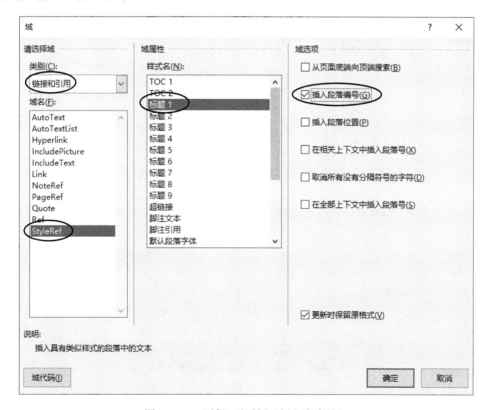

图 1-134　"域"对话框（插入章序号）

步骤 5：重复步骤 3，在打开的"域"对话框中设置图 1-134 所示的"类别""域名""样式名"，不同之处为："域选项"下不选择"插入段落编号"复选框。单击"确定"按钮，插入了章名。

注意：为规范起见，在"章序号"和"章名"之间插入一个空格。

（2）对于偶数页，页眉中的文字为"节序号"+"节名"。

步骤 1：将光标定位在正文第 2 页（偶数页）页眉中，单击"导航"组中的"链接到前一条页眉"按钮，取消与上一节相同的格式。

步骤 2：切换到功能区的"插入"选项卡，单击"文本"组中的"文档部件"按钮，在弹出的菜单中选择"域"命令，打开"域"对话框。

步骤 3：在"域"对话框中，选择"类别"为"链接和引用"；"域名"为"StyleRef"；"样式名"为"标题 2"；"域选项"下勾选"插入段落编号"复选框，如图 1-135 所示。单击"确定"按钮，插入了节序号。

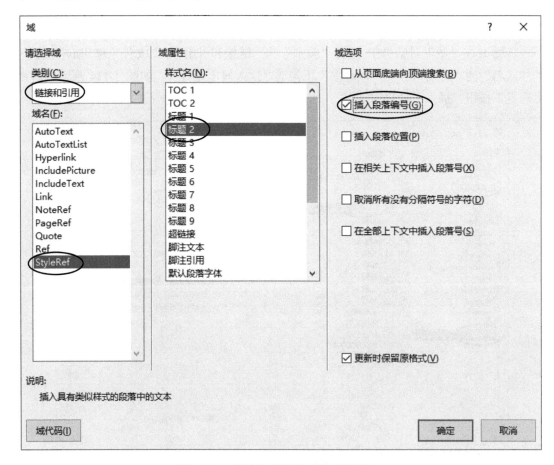

图 1-135　"域"对话框（插入节序号）

步骤 4：重复步骤 2，在打开的"域"对话框中设置如图 1-135 所示的"类别""域名""样式名"，不同之处为："域选项"下不选择"插入段落编号"复选框。单击"确定"按钮，插入了节名。

注意：为规范起见，在"章序号"和"章名"之间插入一个空格。

由于前面设置了"奇偶页不同"，可能会使得偶数页页脚处没有页码显示。此时只需在偶数页页脚中再次插入居中页码。

单击快捷菜单栏中的"保存"按钮，保存设置。

任务 1.8　Word 综合实验（二）

一、实验目的

（1）掌握查找与替换的应用。

（2）掌握页面设置。

（3）掌握修订的使用方法。

（4）掌握文档属性的设置。

（5）掌握文档封面的设计。

（6）掌握样式的创建、修改操作，包括文本样式、段落样式。

（7）掌握图片格式设置，使用图片样式来设置图片格式。

（8）掌握脚注、尾注的创建、转换及利用尾注创建文档参考文献。

（9）掌握索引操作，包括索引相关概念、索引词条文件、自动化建索引等。

二、实验内容及操作步骤

以下操作在"任务 8.docx"中完成。

1. 取消文档中的行号显示；将纸张大小设置为 A4，上、下页边距为 2.7 厘米，左、右页边距为 2.8 厘米，页眉和页脚距离边界皆为 1.6 厘米。

操作步骤如下。

步骤 1：在"布局"选项卡下的"页面设置"组中，单击"行号"下拉按钮，选择"无"。

步骤 2：单击"页面设置"组中右下角的对话框启动器，弹出"页面设置"对话框。在"页边距"选项卡中，设置上、下页边距为 2.7 厘米，左、右页边距为 2.8 厘米。切换到

"纸张"选项卡，单击"纸张大小"下拉按钮，选择"A4"。切换到"布局"选项卡，设置页眉距边界 1.6 厘米，页脚距边界 1.6 厘米，单击"确定"按钮。

2. 接受审阅者文晓雨对文档的所有修订，拒绝审阅者李东阳对文档的所有修订。

操作步骤如下。

步骤 1：在"审阅"选项卡下的"修订"组中，单击"显示标记"下拉按钮，在"特定人员"中取消选中李东阳，此时文档中只显示文晓雨对文档的所有修订（如图 1-136 左图所示）。单击"更改"组中的"接受"下拉按钮，选择"接受所有修订"（如图 1-134 右图所示）。

图 1-136　选择审阅者

步骤 2：单击"显示标记"下拉按钮，在"特定人员"中选择李东阳，此时文档中显示李东阳对文档的所有修订，单击"更改"组中的"拒绝"下拉按钮，选择"拒绝对文档的所有修订"。

3. 为文档添加摘要属性，作者为"林凤生"，然后再添加如表 1-2 所示的自定义属性。

表 1-2　属性名及值

名称	类型	取值
机密	是或否	否
分类	文本	艺术史

操作步骤如下。

步骤 1：单击"文件"选项卡，在"信息"选项下，单击右侧"属性"下拉按钮，选择"高级属性"（见图 1-137）。在弹出的对话框中，选择"摘要"选项卡，在"作者"文本框中输入"林凤生"，如图 1-138 所示。

图 1-137 文档高级属性

图 1-138 文档摘要属性

步骤 2：切换到"自定义"选项卡，在"名称"文本框中输入"机密"，在"类型"中选择"是或否"，在"取值"中选择"否"，单击右侧"添加"按钮（见图 1-139）。按照同样的方法，添加第二个自定义属性。单击"确定"按钮。

 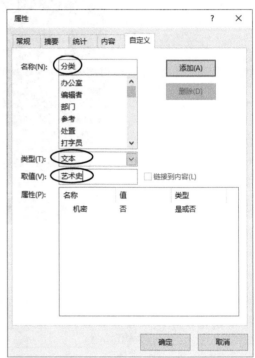

图 1-139　文档自定义属性

4. 删除文档中的全角空格和空行，检查文档并删除不可见内容。在不更改"正文"样式的前提下，设置所有正文段落的首行缩进 2 字符。

操作步骤如下。

步骤 1：单击"开始"选项卡，将光标定位在文档开头处，在"编辑"组中单击"替换"按钮，弹出"查找和替换"对话框。在"查找内容"文本框中输入一个全角空格，单击"全部替换"按钮，单击"确定"按钮。

步骤 2：删除"查找内容"文本框中的全角空格，单击"更多"按钮，再单击"特殊格式"下拉按钮，选择"段落标记"。再次单击"特殊格式"下拉按钮，选择"段落标记"。单击"替换为"文本框，再单击"特殊格式"下拉按钮，选择"段落标记"。单击"全部替换"按钮，再单击"确定"按钮，然后单击"关闭"按钮（如果依然存在空行，可重复操作，或直接手动删除）。

步骤 3：单击"文件"选项卡，在"信息"选项下，单击"检查问题"下拉按钮，选择"检查文档"（见图 1-140），在弹出的对话框中选择"是"，弹出"文档检查器"对话框，如图 1-141 所示。确认勾选"不可见内容"左侧的复选框，单击"检查"按钮，再单击"不可见内容"右侧的"全部删除"按钮，如图 1-142 所示，单击"关闭"按钮。

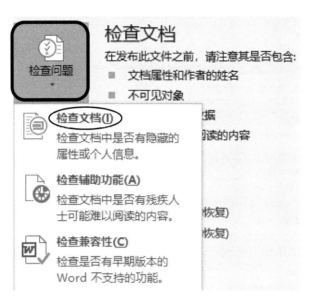

图 1-140　检查文档

图 1-141　"文档检查器"对话框（1）

图 1-142 "文档检查器"对话框（2）

步骤 4：按 Ctrl+A 键选中所有正文，单击"开始"选项卡，再单击"段落"的对话框启动器，在弹出的对话框中，设置"特殊格式"为"首行缩进"，磅值默认为"2 字符"，单击"确定"按钮。

5. 为文档插入"怀旧"型封面，其中标题占位符中的内容为"鲜为人知的秘密"，副标题占位符中的内容为"光学器材如何助力西方写实绘画"，摘要占位符中的内容为"借助光学器材作画的绝非维米尔一人，参与者还有很多，其中不乏名家大腕，如杨·凡·埃克、霍尔拜因、伦勃朗、哈里斯和委拉斯开兹等等，几乎贯穿了 15 世纪之后的西方绘画史。"，上述内容的文本位于文档开头的段落中，将所需部分移动到相应占位符中后，删除多余的字符。

操作步骤如下。

步骤 1：将光标定位在文档开头，在"插入"选项卡下单击"页"组中的"封面"下拉按钮，选择"透视"。

步骤 2：选中文字"鲜为人知的秘密"，按 Ctrl+X 键剪切，右键单击标题占位符，选择"粘贴"选项中的"只保留文本"。按照同样的方法粘贴副标题占位符和摘要占位符中的内容。粘贴完成后，删除多余内容。

6. 删除文档中所有以"a"和"b"开头的样式；修改标题 1 样式的字体为黑体，文本和文本下方的边框线颜色为蓝色，并与下段同页；将文档中字体颜色为红色的 6 个段落设置为标题 1 样式。

操作步骤如下。

步骤 1：在"开始"选项卡下，单击"样式"组中的对话框启动器，在打开的"样式"任务窗格中，单击"管理样式"按钮。在打开的"管理样式"对话框中单击"导入/导出"按钮，打开"管理器"对话框。在左侧"样式"选项卡下，选中"acthelp"样式，再按住 Shift 键，同时单击"btn-view1"按钮，此时可以选中所有以"a"和"b"开头的样式，单击"删除"按钮，再单击"关闭"按钮。

步骤 2：在"样式"组的快速样式库中，右击"标题 1"样式，在弹出的快捷菜单中选择"修改"命令。在打开的"修改样式"对话框中，单击"格式"下拉按钮，选择"字体"。设置中文字体为"黑体"，西文字体为"（使用中文字体）"，字体颜色为标准色中的蓝色，单击"确定"按钮。单击"格式"下拉按钮，选择"段落"，在打开的"段落"对话框中切换到"换行和分页"选项卡，勾选"与下段同页"复选框，单击"确定"按钮。再次单击"格式"下拉按钮，选择"边框"，设置颜色为标准色中的蓝色，在右侧预览区域单击两次"下框"按钮，使下边框颜色变为蓝色，单击"确定"按钮，再单击"确定"按钮。选中红色文字，单击"编辑"组中的"选择"下拉按钮，选择"选定所有格式类似的文本（无数据）"，单击快速样式库中的标题 1 样式。

7. 保持纵横比不变，将图 1 到图 10 的图片宽度都调整为 10 厘米，居中对齐并与下段同页；对所有图片下方颜色为绿色的文本应用题注样式，并居中对齐。

操作步骤如下。

步骤 1：右击图 1，在弹出的快捷菜单中选择"大小和位置"，在打开的"布局"对话框中的"大小"选项卡下，设置宽度的绝对值为"10 厘米"，单击"确定"按钮。选中图片，单击"开始"选项卡下"段落"组中的对话框启动器，在"换行和分页"选项卡下勾选"与下段同页"复选框，"缩进和间距"选项卡下设置"对齐方式"为"居中"，单击"确定"按钮。按照同样的方法设置图 2 至图 10。

步骤 2：选中图 1 下方的绿色文本，单击"编辑"组中的"选择"下拉按钮，选择"选定所有格式类似的文本"，单击快速样式库中的"题注"样式，再单击"段落"组中的"居中"按钮。

8. 将文档中所有脚注转换为尾注，编号在文档正文中使用上标样式，并为其添加"[]"，如"[1]、[2]、[3]…"；将尾注上方的尾注分隔符（横线）替换为文本"参考文献"。

操作步骤如下。

步骤 1：在"引用"选项卡下，单击"脚注"组中的对话框启动器，在弹出的对话框中，单击"转换"按钮，选中"脚注全部转换成尾注"，单击"确定"按钮，再单击"关闭"按钮。

步骤 2：将光标定位在正文开头，在"开始"选项卡下，单击"编辑"组中的"替换"按钮。在打开的"查找和替换"对话框中，删除"查找内容"文本框中多余内容，单击"特殊格式"下拉按钮，选择"尾注标记"。删除"替换为"文本框中多余内容，输入"["。单击"特殊格式"下拉按钮，选择"查找内容"，再输入"]"。保持光标定位在"替换为"文本框中的状态，单击"格式"下拉按钮，选择"字体"。在打开的"替换字体"对话框中，勾选"上标"复选框，单击"确定"按钮。单击"全部替换"按钮，再单击"确定"按钮，最后单击"关闭"按钮。

步骤 3：将光标定位在正文的末尾（尾注分隔符上方），单击"视图"选项卡，在"文档视图"组中单击"草稿"按钮，此时切换到草稿视图。按 Ctrl+Alt+D 快捷键，将视图切换成两个窗口，单击"所有尾注"下拉按钮，选择"尾注分隔符"。选中长横线，将其删除，输入"参考文献"，关闭下方窗口，单击"文档视图"组中的"页面视图"，删除多余内容。

9. 在文档正文之后（尾注之前）按照如下要求创建索引，完成效果可参考考生文件夹中的"索引参考.png"图片：

（1）索引开始于一个新的页面。

（2）标题为"画家与作品名称索引"。

（3）索引条目按照画家名称和作品名称进行分类，条目内容储存在文档"画家与作品.docx"中，其中 1～7 行为作品名称，以下行为画家名称。

（4）索引样式为"流行"，分为两栏，按照拼音排序，类别为"无"。

（5）索引生成后将文档中的索引标记项隐藏。

操作步骤如下。

步骤 1：将光标定位在正文最后一段的末尾，单击"布局"选项卡，在"页面设置"组中单击"分隔符"下拉按钮，选择"下一页"，按一次 Backspace 键，删除首行缩进的 2 字符，使光标顶格，输入文字"画家与作品名称索引"，按回车键，另起一行。

步骤 2：在"引用"选项卡下，单击"索引"组中的"插入索引"按钮。单击"自动标记"按钮，选择考生文件夹中的文件"画家与作品.docx"，单击"打开"按钮。再次单击"插入索引"按钮，在弹出的"索引"对话框中，设置"格式"为"流行"，栏数为"2"，类别为"无"，"排序依据"为"拼音"，单击"确定"按钮。

步骤 3：在"开始"选项卡下，单击"段落"组中的"显示/隐藏编辑标记"按钮，使其处于非高亮状态，即可隐藏索引标记项。

10．在文档右侧页边距插入样式为"大型（右侧）"的页码，首页不显示页码，第 2 页从 1 开始显示，然后更新索引。

操作步骤如下。

步骤 1：将光标定位在第二页开头，在"插入"选项卡下，单击"页眉和页脚"组中的"页码"下拉按钮，选择"页边距"中的"大型（右侧）"。将光标定位在最后一页的页眉处，单击"页眉和页脚工具—设计"选项卡下"页眉和页脚"组中的"页码"下拉按钮，选择"页边距"中的"大型（右侧）"。再次单击"页码"下拉按钮，选择"设置页码格式"，在弹出的对话框中，选中"续前节"单选按钮，单击"确定"按钮，单击"关闭页眉和页脚"按钮。

步骤 2：将光标定位到索引处，右击，在弹出的快捷菜单中选择"更新域"命令。

步骤 3：按照"索引参考.png"，选中"布鲁内斯基,1"，按住鼠标，将其移动到索引的第一行。按照参考图片，移动其他索引项，使其顺序按照图片中的顺序排列。在索引开头处输入"画家"，按下回车键。在"阿尔诺菲尼夫妇肖像,11"左侧输入作品，按下回车键。将光标定位在"布鲁内斯基,1"左侧，先选中左侧需要设置缩进的索引，按住 Ctrl 键的同时，选中右侧需要设置缩进的索引。在"开始"选项卡下，单击"段落"组中的对话框启动器，在弹出的对话框中，单击"特殊"下拉按钮，选择"首行缩进"，设置磅值为0.4 厘米，单击"确定"按钮。

11．为文档添加编辑限制保护，不允许随意对该页内容进行编辑修改，并设置保护密码为空。

操作步骤如下。

步骤 1：选中文档中的所有内容。

步骤 2：单击"审阅"选项卡下的"保护"组中的"限制编辑"按钮，在右侧出现的对话框中勾选"限制对选定的样式设置格式"复选框和"仅允许在文档中进行此类型的编辑"复选框。在下拉列表框中选择"不允许任何更改（只读）"，单击"是，启动强制保护"按钮，弹出"启动强制保护"对话框，按照默认设置，不设置密码，直接单击"确定"按钮。

12．将完成排版的分档先以原 Word 格式及文件名进行保存，再另行生成一份同名的PDF 文档进行保存。

操作方法：先保存排版后的文档；单击"文件"菜单下的"另存为"命令，在"保存类型"中选择"PDF"，单击"保存"按钮。

三、作业

请打开该文档"作业 8.docx"并按下列要求进行排版及保存操作：

1. 将文档中的西文空格全部删除。

2. 将纸张大小设为 16 开，上边距设为 3.2cm、下边距设为 3cm，左右页边距均设为 2.5cm。

3. 利用文档前三行内容为文档制作一个封面页，将其放置在文档的最前端，并令其独占一页（参考样例见文件"封面样例.png"）。

4. 将文档中以"一、"、"二、"……开头的段落设为"标题 1"样式；以"（一）"、"（二）"……开头的段落设为"标题 2"样式；以"1、"、"2、"……开头的段落设为"标题 3"样式。

5. 将标题"（三）咨询情况"下用蓝色标出的段落部分转换为表格，为表格套用一种表格样式使其更加美观。基于该表格数据，在表格下方插入一个饼图，用于反映各种咨询形式所占比例，要求在饼图中仅显示百分比。

提示：

步骤 1：选中标题"（三）咨询情况"下用蓝色标出的段落部分，在"插入"选项卡下的"表格"组中，单击"表格"下拉按钮，从弹出的下拉列表中选择"文本转换成表格"命令，打开"将文字转换成表格"对话框，单击"确定"按钮。

步骤 2：选中表格，在"表格工具—设计"选项卡下的"表格样式"组中选择一种样式。

步骤 3：将光标定位到表格下方，单击"插入"选项卡下"插图"组中的"图表"按钮，打开"插入图表"对话框。选择"饼图"选项中的"饼图"选项，单击"确定"按钮，将会弹出一个 Excel 窗口，将 Word 中的表格数据的第一列和第三列（除去最后一行合计）分别复制粘贴到 Excel 中 A 列和 B 列相关内容中，关闭 Excel 文件。

步骤 4：选中图表，在"图表工具—布局"选项卡下的"标签"组中，单击"数据标签"下拉按钮，在弹出的菜单中选择"其他数据标签选项"命令，弹出"设置数据标签格式"对话框。在标签选项中去除"值"和"显示引导线"复选框前面的选中标记，并勾选"百分比"复选框，单击"关闭"按钮关闭对话框。

6. 为正文第 2 段中用红色标出的文字"统计局政府网站"添加超链接，链接地址为"http：//www.bjstats.gov.cn/"。同时在"统计局政府网站"后添加脚注，内容为"http：//www.bjstats.gov.cn"。

提示：选中正文第 3 段中用红色标出的文字"统计局队政府网站"，单击"插入"选项卡下"链接"组中的"链接"按钮，打开"插入超链接"对话框，在地址栏中输入"http：//www.bjstats.gov.cn/"，单击"确定"按钮。

7. 在封面与正文之间插入目录，目录要求包含标题第 1～3 级及对应页号。目录单独占用一页，且无须分栏。

8. 将除封面页外的所有内容分为两栏显示，但是前述表格及相关图表仍需跨栏居中显示，无须分栏。

提示：选中除封面、表格及相关图表外的所有内容（可以分多次设置），单击"页面布局"选项卡下"页面设置"组中的"分栏"下拉按钮，从弹出的下拉列表中选择"两栏"。

9. 除封面和目录页外，为正文添加页眉，内容为文档标题"北京市政府信息公开工作年度报告"和页码，要求正文页码从第 1 页开始，其中奇数页页眉居右显示，页码在标题右侧，偶数页页眉居左显示，页码在标题左侧。

10. 将完成排版的文档先以原 Word 格式即文件名"北京政府统计工作年报.docx"进行保存，再另行生成一份同名的 PDF 文档进行保存。

模块 2　Excel 高级应用实验

任务 2.1　Excel 基本操作

一、实验目的

（1）掌握单元格、单格区域的选择方法与技巧。

（2）掌握各种类型数据的输入，包括数值数据、文本数据、日期与时间。

（3）掌握特殊数据的输入技巧，包括分数的输入，负数的输入，文本型数字、序列数据和特殊符号的输入。

（4）掌握相同数据的输入技巧与方法。

（5）掌握数据有效性的设置方法及利用数据有效性输入数据。

（6）掌握数据格式的设置方法。

（7）掌握工作表格式化的操作方法。

（8）掌握条件格式的使用方法。

二、实验内容及操作步骤

1. 选择连续单元格区域的技巧

方法：①选择单元区域中的第一行；②同时按下 Ctrl+Shift+↓ 键。

说明：区域中的最左列最好不出现空白单元格，若出现空白单元格则选择到空白单元格以上的区域。

2. 单元格中输入数据的步骤

（1）单个单元格输入数据。

步骤 1：选择要输入数据的单元格。

步骤 2：输入数据。

步骤 3：单击编辑栏中的"输入"按钮或按下回车键（Enter）。

（2）单元格区域中输入相同数据。

步骤 1：选择要输入数据的单元格区域。

步骤 2：在编辑栏中直接输入数据。

步骤 3：同时按下 Ctrl+回车键（Enter）。

以下操作全部在"任务 1.xlsx"文件中完成。

3. 数据输入技巧

（1）数据序列输入。在工作表"名单"的"序号"列中输入"000001、000002、000003、……"的顺序号。

操作方法：将光标定位在 A4 单元格中，输入"'000001"（注意：务必在英文状态下输入单引号；观察直接输入"000001"的效果怎样？说明原因）并单击编辑栏中的"输入"按钮或按下回车键（Enter），双击 A4 单元格的填充柄或拖动填充柄到最后一个单元格。

（2）不连续空白单元格中填充相同数据。在工作表"名单"中的"报考部门"列的空白单元格中输入"财政部"。

操作方法：①选择报考部门所在列的数据区域：F4:F1777；②单击"开始"选项卡下的"编辑"组中的"查找和选择"菜单中的"定位条件"命令（如图 2-1 左图所示），打开如图 2-1 右图所示的"定位条件"对话框，定位条件选择"空值"，单击"确定"按钮；③在编辑栏中输入文字"财政部"并同时按下 Ctrl+Enter 组合键。

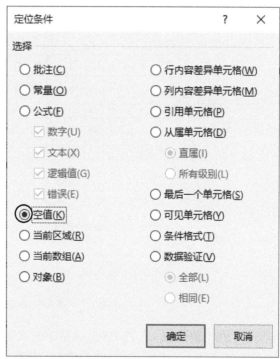

图 2-1　"定位条件"对话框

（3）分数输入。在工作表"名单"的"笔试比例"列中输入分数"2/5"和"面试比例"列中输入分数"3/5"。

操作方法：将光标定位在 J4 单元格中，输入"0 2/5"（输入 0 后先输入一个空格再输入分数），然后双击单元格 J4 单元格的填充柄。采用相同的方法完成"面试比例"列分数的输入。

办公软件高级应用实践教程

（4）负数输入。在工作表"数据输入"的 B1 单元格中输入"-9"。

操作方法：将光标定位在 B1 单元格中，输入"(9)"或"-9" 并单击编辑栏中的"输入"按钮或按回车键（Enter）。

（5）输入文本型的数字。在工作表"数据输入"的 B2 单元格中输入自己的身份证号（可以将其中的几位以"*"代替）。

操作方法：将光标定位在 B2 单元格中，输入"'330501200201010011"（注意：务必在英文状态下输入单引号；观察直接输入身份证号的效果并说明原因），并单击编辑栏中的"输入"按钮或按下回车键（Enter）。

（6）输入特殊符号。在工作表"数据输入"的 B3 单元格中输入"→"等。

操作步骤如下。

步骤 1：将光标定位在 B3 单元格中。

步骤 2：在"插入"选项卡中，单击"符号"组中的"符号"按钮，打开如图 2-2 所示的"符号"对话框，在"子集"中选择"箭头"，再选择"→"，单击"插入"按钮。

图 2-2 "符号"对话框

（7）在工作表"数据输入"的 B4 单元格中的数字以大写中文数字显示。

操作方法：右击 B4 单元格，选择"设置单元格格式"→"数字"→"特殊"→"中文大写数字"。

4. 数据有效性设置

（1）数据有效性设置方法。将工作表"数据输入"的 B5 单元格设置为只能录入 5 位数字或文本。当录入位数错误时，提示错误原因，样式为"警告"，错误信息为"只能录入 5 位数字或文本"。

操作步骤如下。

步骤 1：选中"数据输入"工作表中的 B5 单元格，切换到"数据"选项卡，单击"数据工具"组中的"数据验证"的上半部按钮，打开"数据验证"对话框。

步骤 2：切换到"设置"选项卡，设置"允许"为"文本长度"，"数据"为"等于"，并在"长度"文本框中输入"5"，如图 2-3 所示。

图 2-3　设置数据有效性

步骤 3：再切换到"出错警告"选项卡，设置"样式"为"警告"；在"错误信息"文本框中输入"只能录入 5 位数字或文本"，如图 2-4 所示，单击"确定"按钮完成设置。

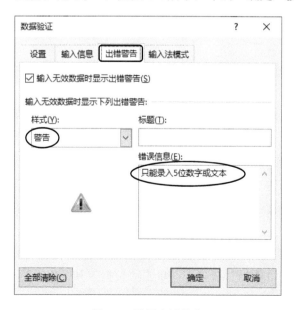

图 2-4　设置出错信息

（2）数据有效性应用

1）利用数据有效性指定单元格输入文本长度。

要求：对工作表"名单"中的"准考证号"列只允许输入长度为 12 的文本。

操作方法：如上，不再赘述。

2）利用数据有效性指定单元格输入数据范围。

要求：对工作表"名单"中的"面试分数"的范围设为 0～100 分之间的整数。

操作步骤如下。

步骤 1：选中"名单"工作表中的单元格区域 K4：K1777，切换到"数据"选项卡，单击"数据工具"组中的"数据验证"按钮，打开"数据验证"对话框。

步骤 2：切换到"设置"选项卡，设置"允许"为"整数"，"数据"为"介于"，并在"最小值"文本框中输入"0"，在"最大值"文本框中输入"100"，如图 2-5 所示。

图 2-5　设置数据有效性

3）自定义下拉列表输入数据。

在"名单"工作表的"性别"列中输入考生的性别，而性别数据是固定不变的，即"男"和"女"，为提高数据输入的速度和准确性，可以用下拉列表来完成数据的选择输入。

操作步骤如下。

步骤 1：选择需要"性别"列的所有单元格区域 D4：D1777。

切换到功能区中的"数据"选项卡，单击"数据工具"组中的"数据验证"按钮，打开"数据验证"对话框。

步骤 2：切换到"设置"选项卡，设置"允许"为"序列"，并在"来源"文本框中输入"男,女"（逗号要求在英文标点状态下输入），如图 2-6 所示。单击"确定"按钮完成设置。

图 2-6　设置数据有效性

步骤 3：返回工作表，选择需要输入性别列的任何一个单元格，其右边显示一个下拉箭头，单击箭头将出现一个下拉列表，如图 2-7 所示。

▲	A	B	C	D	E
1	2019年国家公务员考试首批面试名单（国务院各部委）				
2					
3	序号	准考证号	考生姓名	性别	报考部门
4		104111160728	郑志	男	国家发展和改
5		125111011820	侯楠鹏	男	商务部
6		125111070529	姜乐坤		务部
7		115111060922	司冲占	男	
8		125111531024	韩星鸿	女	务部
9		104111571029	高令书		国家发展和改
10		139111411114	王蒲华		国家新闻出版
11		125111770225	张腾		商务部

图 2-7　下拉列表

5. 数据格式化

（1）修改样式。修改单元格样式"标题 1"，将其格式设置为"微软雅黑"、14 磅、不加粗、跨列居中，其他默认。为第一行的标题文字应用更改后的单元格样式"标题 1"，令其数据上方居中排列。

操作步骤如下。

步骤 1：单击"开始"选项卡下的"样式"组中的"单元格样式"命令，右击"标题 1"，选择"修改…"命令，如图 2-8 中左图所示，打开"样式"对话框，如图 2-8 中右图所示。

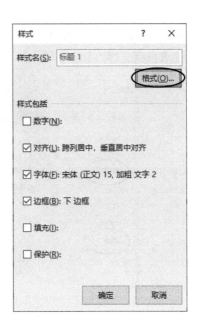

图 2-8 设置单元格样式

步骤 2：单击如图 2-8 所示的对话框的"格式"按钮，打开"设置单元格格式"对话框，单击"字体"选项卡，如图 2-9 所示，"字体"设为"微软雅黑"，"字形"设为"常规"，"字号"设为"14"。

图 2-9 "设置单元格格式"对话框（1）

步骤 3：单击"对齐"选项卡，如图 2-10 所示，"水平对齐"设为"跨列居中"，单击"确定"按钮，然后单击"样式"对话框中的"确定"按钮。

步骤 4：选择单元格区域 A1：L1，单击"开始"选项卡下的"样式"组中的"单元格样式"命令，再单击"标题 1"。

图 2-10　"设置单元格格式"对话框（2）

（2）设置数据格式。对工作表"名单"中的"笔试成绩"和"面试成绩"2 列的数据格式设置形如"123.320 分"且能够正确参与运算的数值类数字格式。

图 2-11　文本数字转换为数字

操作步骤如下。

步骤 1：选择单元格区域 I4：I1777，单击左侧的 ⬦ ，在弹出的菜单选项中选择"转换为数字"命令（见图 2-11），按住 Ctrl 键选择单元格区域 K4：K1777。

步骤 2：单击"开始"选项卡下的"数字"组的对话框启动器按钮，打开"设置单元格格式"对话框（见图 2-12），"分类"选择"自定义"，在"类型"文本框中输入"0.000 分"，单击"确定"按钮。

图 2-12　"设置单元格格式"对话框（3）

说明：在自定义数据格式时，#和 0 都是占位符，#只显示有意义的数字而不显示无意义的零，以这种方式设置的数据格式不影响计算；0 占位符表示当位数不足时补 0。

（3）设置日期格式。对工作表"名单"中的"出生日期"列的月、日均显示为 2 位同时显示该日期是星期几，如"1999/2/6"就显示为"1999/02/06 星期六"。

操作步骤如下。

步骤 1：选择单元格区域 E4：E1777。

步骤 2：单击"开始"选项卡下的"数字"组的对话框启动器按钮，打开"设置单元格格式"对话框，如图 2-13 所示，"分类"选择"自定义"，在"类型"文本框中输入"yyyy/mm/dd aaaa"，单击"确定"按钮。

说明：自定义日期格式中，YY/yy 表示显示 2 位年份（1999 年，用 99 表示），YYYY/yyyy 表示显示 4 位年份；M/m 表示当 1~9 月用 1 位数字表示，MM/mm 表示 1~9 月用 2 位数字（即 01~09）表示；D/d 表示当 1~9 日用 1 位数字表示，MM/mm 表示 1~9 日用 2 位数字（即 01~09）表示，aaa/AAA 只显示星期有数字，例如，星期三，只显示三，aaaa/AAAA 则显示完整的星期。

图 2-13　"设置单元格格式"对话框（4）

6. 单元格格式化

（1）设置行高、列宽。对工作表"名单"中的数据区域适当加大行高并自动调整各列列宽至合适的大小。

操作方法：①选择数据区域 A1：L1777；②单击"开始"选项卡下的"单元格"组中的"格式"菜单中的"行高"命令，打开"行高"对话框，在"行高"框中输入合适的值（比如 18），单击"确定"按钮，如图 2-14 所示；③重复步骤②来调整列宽，选择"自动调整列宽"命令即可。

（2）边框与底纹。对工作表"名单"中的数据区域 A3：J1777 设置合适的边框线同时设置合适的底纹。

操作方法：①选择数据区域 A3：J1777；②单击"开始"选项卡下"字体"组的"边框"菜单中的"所有框线"命令（或单击"字体"组中的对话框启动器按钮，在打开的"设置单元格格式"对话框中单击"边框"选项卡，然后进行设置）；③单击"开始"选项卡下"字体"组的"填充颜色"的三角形，在弹出的列表中选择合适的底纹（或单击"字体"组中的对话框启动器按钮，在打开的"设置单元格格式"对话框中单击"填充"选项卡，然后进行设置），如图 2-15 所示。

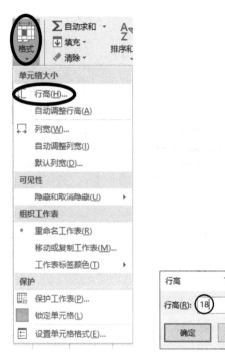

图 2-14　设置行高

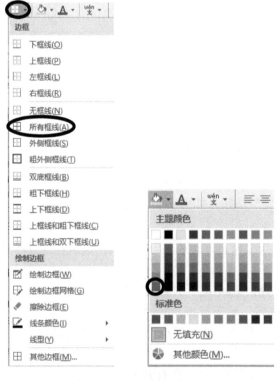

图 2-15　设置边框和底纹

7. 自动套用格式

为工作表"名单"整个数据区域套用一个表格格式，取消筛选并转换成普通区域。

操作步骤如下。

步骤 1：选择整个数据区域 A3：J1777。

步骤 2：单击"开始"选项卡下的"样式"组中的"套用表格格式"命令，选择合适的表格样式（如图 2-16 所示）。

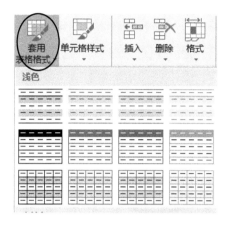
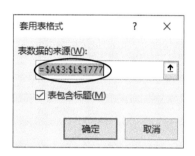

图 2-16　自动套用表格格式

步骤 3：单击"表格工具—设计"选项卡下"工具"组中的"转换为区域"命令（如图 2-17 中左图所示），在弹出的确认对话框中单击"确定"按钮（如图 2-17 中右图所示）。

图 2-17　转换成普通区域

8. 条件格式

（1）基本条件格式。在"名单"工作表中，使用条件格式将"面试成绩"大于等于 90 的单元格中的字体颜色设置为红色、加粗显示。

操作步骤如下。

步骤 1：选中"名单"工作表的"面试成绩"列的数据区域。切换到"开始"选项卡，单击"样式"组中的"条件格式"按钮。

步骤 2：从弹出的菜单中选择"突出显示单元格规则"下的"其他规则"命令（如图 2-18 所示），打开"新建格式规则"对话框。在该对话框中，选中"只为包含以下内容的单元格设置格式"；单击下拉箭头选择"大于或等于"，在值输入框中输入"90"，如图 2-19 所示，单击"格式"按钮打开"设置单元格格式"对话框。

图 2-18 "条件格式"菜单

图 2-19 "新建格式规则"对话框

步骤 3：在"设置单元格格式"对话框中，切换到"字体"选项卡，选择字形和颜色，如图 2-20 所示。

图 2-20　"设置单元格格式"对话框（5）

步骤 4：单击"确定"按钮返回"新建格式规则"对话框，再单击"确定"按钮完成设置。

图 2-21　"条件格式"菜单

（2）带公式条件格式。在"名单"工作表中，使用条件格式将"笔试成绩"大于等于所有考生的平均值 1.1 倍的单元格填充浅绿色背景。

操作步骤如下。

步骤 1：选中"名单"工作表的"笔试成绩"列的数据区域。切换到"开始"选项卡，单击"样式"组中的"条件格式"按钮。

步骤 2：从弹出的菜单中选择"新建规则"命令（如图 2-21 所示），打开"编辑格式规则"对话框。在该对话框中，选择"使用公式确定要设置格式的单元格"；在"为符合此公式的值设置格式"输入框中输入"=$I4>=1.1*AVERAGE（$I$4：$I$1777）"（如图 2-22 所示），单击"格式"按钮打开"设置单元格格式"对话框。

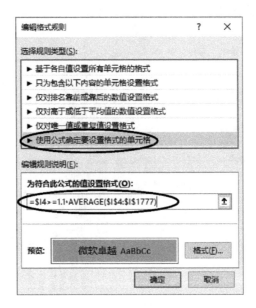

图 2-22 "编辑格式规则"对话框

步骤 3：在"设置单元格格式"对话框中，切换到"填充"选项卡，选择底纹，如图 2-23 所示。

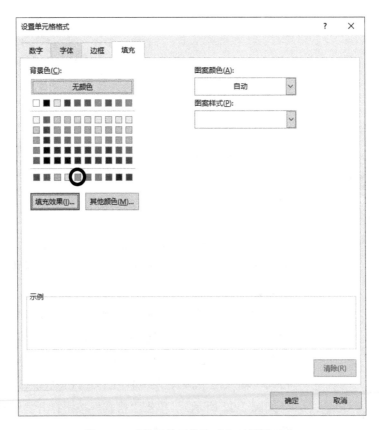

图 2-23 "设置单元格格式"对话框（6）

9. 行、列的隐藏/取消隐藏

隐藏工作表的行、列。隐藏工作表"名单"中的第二行。

操作方法：选择第二行，右击，在弹出的菜单中选择"隐藏"命令（注：单击"视图"选项卡下的"窗口"组中的"隐藏"命令，则隐藏整个工作簿）。

图 2-24　隐藏工作表

说明：想要取消隐藏，则要选择隐藏行附近上下的两行（也可选择多行，但一定要包括隐藏的行），右击，在弹出的菜单中选择"取消隐藏"命令。隐藏列/取消隐藏列的方法同隐藏行/取消隐藏行的方法，隐藏多行多列时只需选择多行多列即可，不再赘述。

10. 工作表的隐藏/取消隐藏

隐藏"任务 1.xlsx"文件中的工作表"隐藏工作表"。

操作方法：在工作表"隐藏工作表"标签上右击，在弹出的菜单中选择"隐藏"命令（如图 2-24 所示）。

说明：取消隐藏操作方法为在任何一个工作表标签上右击，在弹出的菜单中选择"取消隐藏"命令，在打开的对话框中选择要取消隐藏的工作表，单击"确定"按钮，如图 2-25 所示。

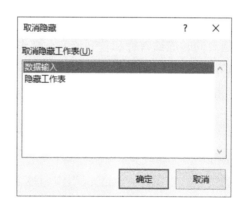

图 2-25　取消隐藏工作表

11. 窗口拆分与冻结

在 Excel 2019 中，冻结窗格是指将工作表中指定的内容设为固定显示，冻结的内容将始终显示在界面中，不会随着滚动条的滚动而被隐藏。拆分窗口是指将工作簿窗口拆分成多个窗格，便于对比和查看，拆分后的各窗格可单独查看与滚动。

锁定工作表"名单"中的前三行，使之始终可见。

操作步骤如下。

步骤 1：将光标放在第 4 行的任一个单元格上（也可以选择第 4 行），单击"视图"选项卡的"窗口"组中的"冻结窗格"命令（如图 2-26 所示）。

图 2-26　冻结窗格（1）

步骤 2：在弹出的菜单中单击"冻结窗格"命令（如图 2-27 所示）。

说明：若只锁定第一行或第一列只需选择"冻结首行"或"冻结首列"命令，但使用该命令不能同时冻结首行和首列。

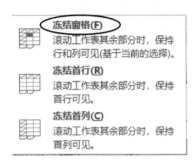

图 2-27　冻结窗格（2）

思考：想要同时冻结首行和首列该怎么操作？操作由读者自行完成。

拆分窗口的方法介绍如下。

步骤 1：选中要拆分窗口的边界单元格，例如，选择单元格 D10，则以该单元格作为基点拆分成上下左右 4 个窗口。

步骤 2：切换至"视图"选项卡，单击"窗口"组中的"拆分"按钮即可。

12. 页面布局及打印设置

（1）设置背景。以图片"map.jpg"作为该工作表的背景。

操作方法：单击"页面布局"选项卡下 "页面设置"组中的"背景"命令，打开"插入图片"对话框。单击"浏览"按钮，在打开的"工作表背景"对话框中找到图片"map.jpg"，单击"插入"按钮。

（2）页面布局。将工作表"名单"的纸张方向设置为横向，打开时所有列打印到一张纸上，每张纸前三行为工作表的前三行。

操作步骤如下。

步骤 1：选择单元格区域 A1:J1777。

步骤 2：单击"页面布局"选项卡下"页面设置"组中的"纸张方向"菜单下的"横向"命令。

步骤 3：单击"页面布局"选项卡下"页面设置"组中的"打印区域"菜单下的"设置打印区域"命令。

步骤 4：单击"页面布局"选项卡下"页面设置"组中的"打印标题"命令，打开"页面设置"对话框，如图 2-28 所示。将光标定位到"顶端标题行"框中，在工作表中选择 1~3 行，单击"确定"按钮。

图 2-28　"页面设置"对话框

步骤 5：单击"文件"选项卡下"打印"菜单中的"无缩放"，选择"将所有列调整为一页"，如图 2-29 所示。

图 2-29　打印设置

三、作业

以下作业在文件"作业 1.xlsx"中完成。

1. 在工作表 Sheet1 中，从 B3 单元格开始，导入"作业 1 数据.txt"中的数据，并将工作表修改为"销售记录"。提示：导入数据时可以利用"数据"选项卡下"获取外部数据"组中的"自文本"命令。

2. 在"销售记录"工作表的 A1 单元格中输入文字"2012 年销售数据"，并使其显示在 A1:F1 单元格区域的正中间（注意不要合并上述单元格区域）；将标题单元格样式的字体修改为"微软雅黑"，并应用于单元格 A1 中的文字内容；隐藏第 2 行。

3. 在"销售记录"工作表的 A3 单元格中输入文字"序号"，从 A4 单元格开始，为每笔销售记录插入"001、002、003…"格式的序号。

4. 将 B 列（日期）中数据的数字格式修改为只包含月和日的格式（3/14）。

5. 将"价格"列（单元格区域 E4:E891）中的数据格式设置为货币格式，保留 0 位小数。

6. 对标题行区域 A3:F3 应用单元格的上框线和下框线，对数据区域的最后一行 A891 应用单元格的下框线，其他单元格无框线，不显示工作表网格线。

7. 利用条件格式，将价格大于等于 2800 的数据行填充一种合适的底纹。

8. 对工作表"销售记录"中数据区域的行高设置为 19 磅，列宽设置为自动调整列宽。

9. 锁定工作表"销售记录"中的第 1 行到第 3 行、第 1 列。

10. 隐藏工作表"价格表"和"折扣表"。

11. 保存文件。

任务 2.2　Excel 公式与常用函数

一、实验目的

（1）掌握单元格或单元格区域的命名及管理。

（2）掌握运算符与公式的使用，包括算术运算符、关系运算符、文本运算符和引用运算符。

（3）掌握单元格的引用、名称设置及其应用，包括相对引用、绝对引用和混合引用。

（4）掌握算术运算中的"*""+""−"三个运算符代替逻辑判断的扩展应用。

（5）掌握常用函数的使用，包括 SUM、SUMPRODUCT、MOD、AVERAGE、MAX、MIN 等函数。

（6）掌握数据的舍入方法，以及 INT、ROUND、CEILING 等函数的使用。

二、实验内容及操作步骤

以下操作全部在"任务 2.xlsx"文件中完成。

1. 单元格（区域）名称

定义单元格区域名称：将工作表"成绩表"中"语文""数学""英语"列的成绩数据区域名称分别命名为"语文成绩""数学成绩""英语成绩"。

方法一操作步骤如下。

步骤 1：选择单元格区域 E2:E39。

步骤 2：右击，在弹出的快捷菜单中选择"定义名称"命令（如图 2-30 中左图所示，也可以单击"公式"选项卡下"定义名称"组中的"定义名称"命令），打开"新建名称"对话框（如图 2-30 中右图所示）。

步骤 3：在"新建名称"对话框的"名称"栏中输入"语文成绩"，单击"确定"按钮。

步骤 4：重复步骤 1~步骤 3 完成"数学"列和"英语"列数据区域名称命名。

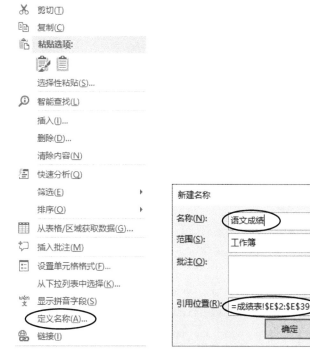

图 2-30　单元格区域命名

方法二操作步骤如下。

步骤 1：连同标题一起选中即选中数据区域 E1∶E39。

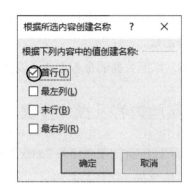

图 2-31 "根据所选内容创建名称"对话框

步骤 2：切换到"公式"选项卡，单击"定义名称"组中的"根据所选内容创建"命令，打开如图 2-31 所示的"根据所选内容创建名称"对话框，勾选"首行"复选框。

步骤 2：单击"定义名称"组中的"名称管理器"命令，打开如图 2-32 所示的"名称管理器"对话框。选择要编辑的名称，单击"编辑"按钮，打开如图 2-33 所示的"编辑名称"对话框，输入名称，单击"确定"按钮后返回到"名称管理器"对话框，单击"关闭"按钮。

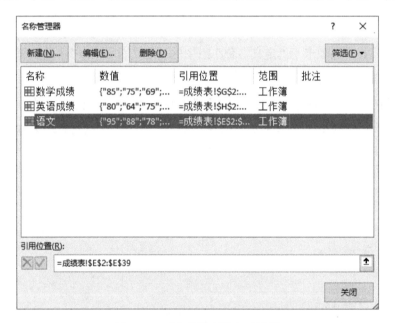

图 2-32 "名称管理器"对话框

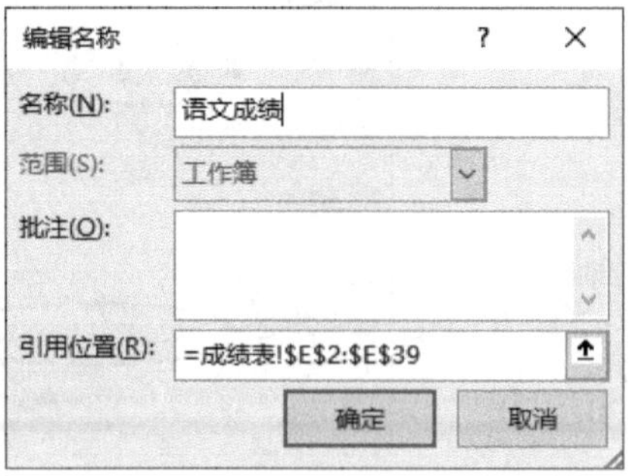

图 2-33 "编辑名称"对话框

2．公式

（1）折算成绩。在工作表"成绩表"中的语文考试试卷的满分是 120 分，现将其折算成百分制分数，再将结果存入"语文折算分"列中。

操作方法：在单元格 F2 中输入"=E2/120*100"，单击"输入"按钮 ✓ ，双击该单元格的填充柄 `79.2` 或按住填充柄往下拖。

（2）求总成绩。根据"成绩表"中的数据，计算总分并将计算结果保存到表中的"总分"列当中（要求用"+"号运算符实现）。

操作方法：在单元格 I2 中输入"=F2+G2+H2"，单击"输入"按钮，双击该单元格的填充柄或按住填充柄往下拖

（3）求平均分。根据"成绩表"中的数据，计算平均分并将计算结果保存到表中的"平均分"列当中（要求用"/"号运算符实现）。

操作方法：在单元格 J2 中输入"=I2/3"，单击"输入"按钮，双击该单元格的填充柄或按住填充柄往下拖（可以尝试用"+"和"/"求出所有学生的平均分）。

（4）判断学生的语文成绩是否比英语成绩高。根据"成绩表"中的语文成绩和英语成绩，若学生的语文成绩大于等于英语成绩则填入"TRUE"，否则填入"FALSE"。

操作方法：在单元格 K2 中输入"=F2>=H2"，单击"输入"按钮，双击该单元格的填充柄或按住填充柄往下拖。

3．常用函数

（1）SUM 函数。根据"成绩表"中的数据，计算总分，将其计算结果保存到表中的"总分"列当中（可以将上面求的结果替换，也可以自行添加列用以存放总分）。

操作方法：在单元格 I2 中输入"=SUM（F2:H2）"，单击"输入"按钮，双击该单元格的填充柄或按住填充柄往下拖。

（2）ROUND/INT 函数。

1）重新计算语文折算分。将上述计算得到的语文折算分，四舍五入保留 1 位小数。

操作方法：将单元格 F2 中的输入改为"=ROUND（E2/120*100,1）"，单击"输入"按钮，双击该单元格的填充柄或按住填充柄往下拖（注意观察：得到的结果与使用数据格式保留 1 位小数的不同之处；思考：用 INT 函数如何实现数据舍入？）。

2）整数舍入。将"数据舍入"工作表的 A3、A4 单元格中的数四舍五入到整百，并存放在 B3、B4 单元格中。

操作方法：选中单元格 B3，输入"=ROUND（A3,-2）"；选中单元格 B4，输入"=ROUND（A4,-2）"。试用 INT 或其他函数完成。

3）小数舍入。将"数据舍入"工作表中的 A7、A8 单元格中的数据保留 2 位小数（四舍五入），存放在 B7、B8 单元格中。

操作方法：选中单元格 B7，输入"=ROUND（A7, 2）"；选中单元格 B8，输入"=ROUND（A8, 2）"。试用 INT 或其他函数完成。

4）时间舍入。

① 将"数据舍入"工作表中的 C3、C4 单元格中的时间四舍五入到最接近的 15 分钟的倍数，结果存放在 D3、D4 单元格中。

操作方法：选中单元格 D3，输入"=ROUND（C3*24*4, 0）/24/4"；选中单元格 D4，输入"=ROUND（C4*24*4, 0）/24/4"。

② 将"数据舍入"工作表中的 C3、C4 单元格中的时间四舍五入到最接近的 7 分钟的倍数，结果存放在 E3、E4 单元格中。

操作方法：选中单元格 E3，输入"=ROUND（C3*24*（60/7）, 0）/24/（60/7）"；选中单元格 E4，输入"=ROUND（C4*24*（60/7）, 0）/24/（60/7）"。试将时间四舍五入到最接近的 8 分钟的倍数。

5）倍数舍入。将 A11 : A22 中的数据向上舍入到 3 的倍数。

操作方法：选中单元格 B11，输入"=CEILING.MATH（A11, 3）；向下填充到单元格 B22，本题也可以用函数 CEILING 实现。

（3）SUMPRODUCT/MOD 函数。

1）奇数的个数。计算工作表"成绩表"中单元格区域 E2 : E39 中有多少个奇数？

操作方法：选中单元格 E42，输入"=SUMPRODUCT（MOD（E2:E39, 2））"，按回车键确认。

2）偶数的个数。计算工作表"成绩表"中单元格区域 E2 : E39 中有多少个偶数？

操作方法：选中单元格 E43，输入"=SUMPRODUCT（1-MOD（E2:E39, 2））"，按回车键确认。

2）5 的倍数的个数。计算工作表"成绩表"中单元格区域 E2 : E39 中有多少个数是 5 的倍数？

操作方法：选中单元格 E44，输入"=SUMPRODUCT（（MOD（E2:E39, 5）=0）*1）"，按回车键确认。

说明：算术运算符"*""+""-"可以代替逻辑函数 AND、OR、NOT 函数。在 Excel 中 TRUE 的值为"1"、FLASE 的值为"0"。乘法"*"得到的结果刚好同 AND 函数，如图 2-34 所示。因此在使用时，经常用"*"来代替 AND 函数。"+"和"-"可自行理解。SUMPRODUCT 函数不能直接运算 TRUE、FALSE 值。

数1	数2	*	+
TRUE	0	0	1
TRUE	1	1	2
FALSE	0	0	0
FALSE	1	0	1

逻辑值1	逻辑值2	*	+	-	SUMPRODUCT
FALSE	FALSE	0	0	0	0
FALSE	TRUE	0	1	-1	0
TRUE	FALSE	0	1	1	0
TRUE	TRUE	1	2	0	0

图 2-34　逻辑值算术运算结果

（4）常用统计函数。

1）计算平均分。根据"成绩表"中的数据，计算平均分，将其计算结果保存到表中的"平均分"列当中，并将结果保留 2 位小数（可以将上面求的结果替换，也可以自行添加列用以存放平均分）。

操作方法：在单元格 J2 中输入"=ROUND（AVERAGE（F2:H2），2）"，单击"输入"按钮，双击该单元格的填充柄或按住填充柄往下拖。

2）计算最高分。根据"成绩表"中的数据，计算各科的最高分，将其计算结果分别保存到单元格 F40，G40，H40 中。

操作方法：在单元格 F40 中输入"=MAX（F2:F39）"，单击"输入"按钮，按住填充柄往右拖到单元格 H40。

3）计算最低分。根据"成绩表"中的数据，计算各科的最低分，将其计算结果分别保存到单元格 F41，G41，H41 中。

操作方法：在单元格 F41 中输入"=MIN（F2:F39）"，单击"输入"按钮，按住填充柄往右拖到单元格 H41。

4. 单元格引用

（1）相对引用。以上使用的公式与函数中采用的都是相对引用。

（2）绝对引用。根据"成绩表"中的语文成绩，判断每个学生的语文成绩是否高于全班语文的平均成绩，要求用绝对引用实现。

操作方法：在单元格 L2 中输入"=F2>=AVERAGE（\$F\$2:\$F\$39）"，单击"输入"按钮，按住填充柄往右拖到单元格 L39。

（3）混合引用。根据"成绩表"中的语文成绩，判断每个学生的语文成绩是否高于全班语文的平均成绩，要求用混合引用实现。

操作方法：在单元格 L2 中输入"=F2>=AVERAGE（F\$2:F\$39）"，单击"输入"按钮，按住填充柄往右拖到单元格 L39。

三、作业

（一）打开文件"作业 2_1.xlsx"，完成以下操作：

1. 在 Sheet1 中，利用函数，把 A2:A20 中的时间，转换为最接近 15 分钟倍数的时间，将结果存放在 B2:B20 中。

2. 在 Sheet1 中，将单元格区域 C2:C20 命名为"数据"。

3. 在 Sheet1 中，利用函数，分析 C2:C20 中的数值，统计其中能够被 3 整除的数据的个数，并将结果存放在 C21 单元格中。

4. 在 Sheet1 中，利用函数，将 C2:C20 中的数值转换成 1000 的倍数，将结果存放在 D2:D20 中。

5. 在 Sheet1 的 E2:E10 单元格区域中，分别输入"1/2、1/3、1/4、...、1/10"分数形式的数据。

6. 保存文件"作业 2_1.xlsx"。

（二）打开文件"作业 2_2.xlsx"，完成以下操作：

1. 在工作表"消费开支明细"的第一行中添加表标题"小赵 2019 年月开支明细表"，并通过合并单元格，放于整个表的上端、居中。

2. 将工作表应用一种主题，并增大字号，适当加大行高列宽，设置居中对齐方式，除表标题"小赵 2019 年月开支明细表"外为工作表分别增加恰当的边框和底纹以使工作表更加美观。

3. 将每月各类支出及总支出对应的单元格数据类型都设为"货币"类型，无小数，有人民币货币符号。

4. 利用函数计算每个月的总支出、各个类别月均支出、每月平均总支出。

5. 利用公式计算每个月的开支占全年开支的百分比，保留 2 位小数。

6. 利用"条件格式"功能，将月单项开支金额中大于 1000 元的数据所在单元格以不同的字体颜色与填充颜色突出显示；将月总支出额中大于月均总支出 110%的数据所在单元格以另一种颜色显示，所用颜色深浅以不遮挡数据为宜。

7. 在"月"与"服装服饰"列之间插入新列"季度"，数据根据月份由函数生成，例如，1 至 3 月对应"1 季度"、4 至 6 月对应"2 季度"……

8. 利用 MAX 函数求出每个季度的最高开支额和最低开支额；利用函数 SUMPRODUCT 求出每个季度各类开支的月均支出金额。

9. 保存文件"作业 2_2.xlsx"。

任务 2.3　数组公式

一、实验目的

（1）掌握数组公式的概念与操作方法。
（2）掌握数组公式的编辑。
（3）掌握数组公式的应用，如与 SUM 函数结合实现数据统计。

二、实验内容及操作步骤

以下操作全部在"任务 3.xlsx"文件中完成。

1. Sheet1 工作表中，在未求出房价总额和契税总额的情况下，求该房产项目上交的契税总额，将结果保存在 J27 单元格中。

操作方法：在单元格 J27 中输入公式"=SUM（F3:F26*G3:G26*H3:H26）"，按下 Ctrl+Shift+Enter 组合键。

2. 使用数组公式，计算 Sheet1 工作表中"房产销售表"的房价总额，并保存在"房产总额"列中。

计算公式为房产总额＝面积×单价。

操作步骤如下。

步骤 1：选择"房产总额"列单元格区域 I3:I26。

步骤 2：在编辑栏中输入公式"=F3:F26*G3:G26"，按下 Ctrl+Shift+Enter 组合键，在编辑中显示公式为"{=F3:F26*G3:G26}"。

3. 使用数组公式，计算 Sheet1 工作表中"房产销售表"的契税总额，并保存在"契税总额"列中。

计算公式为契税总额＝契税×房产总额。

操作方法：选中"契税总额"列的数据区域 J3:J26，输入公式"=H3:H26*I3:I26"，按下 Ctrl+Shift+Enter 组合键。

4. 利用数组公式与 SUM 等函数可以完成统计功能，在 Sheet2 工作表的"销售统计表1"中，求各销售人员的销售总额，并保存到对应单元格中。

操作方法：在单元格 B3 中输入公式"=SUM（（Sheet1!$K$3:$K$26=Sheet2!A3)*Sheet1!$I$3:$I$26）"，按下 Ctrl+Shift+Enter 组合键，双击 B3 单元格的填充柄。

5. 在 Sheet2 工作表的"销售统计表 2"中，求各销售人员不同户型的销售总额，并保存到对应单元格中。

操作方法：在单元格 G3 中输入公式"=SUM（（Sheet1!$E$3:$E$26=E3)*（Sheet1!$K$3:$K$26=F3)*Sheet1!$I$3:$I$26）"，按下 Ctrl+Shift+Enter 组合键，双击 G3 单元格的填充柄。

6. 在 Sheet2 工作表的"统计表 3"中，求各销售人员的销售房产套数，并保存到对应单元格中。

操作方法：在单元格 B12 中输入公式"=SUM（（Sheet1!$K$3:$K$26=A12)*1）"，按下 Ctrl+Shift+Enter 组合键，双击 B12 单元格的填充柄。

7. 在 Sheet2 工作表的"统计表 1"中，求各销售人员的销售名次，并保存到对应单元格中。

操作方法：在单元格 C3 中输入公式"=SUM((B3<$B$3:$B$7)*1)+1"，按下 Ctrl+Shift+Enter 组合键，双击 C3 单元格的填充柄。

说明：也可以使用函数 SUMPRODUCT 完成，公式为"=SUMPRODUCT((B7<$B$3:$B$7)*1)+1"，注意不需要数组公式。

8. 在 Sheet2 工作表中使用多个函数与数组公式组合，计算 I2：I25 中奇数的个数，将结果存放在 I26 单元格中。

操作方法：在单元格 I26 中输入公式"=SUM(MOD(I2：I25, 2))"，按下 Ctrl+Shift+Enter 组合键。

9. 在 Sheet2 工作表中使用多个函数与数组公式组合，计算 I2：I25 中 3 的倍数的个数，结果存放在单元格 I27 中。

操作方法：在单元格 I27 中输入公式"=SUM((MOD(I2：I25, 3)=0)*1)"，按下 Ctrl+Shift+Enter 组合键。

三、作业

打开文件"作业 3.xlsx"，完成以下操作：

1. 在 Sheet4 工作表中，使用函数，将单元格 C1 中的时间四舍五入到最接近的 9 分钟的倍数，结果存放在单元格 C2 中。

2. 在 Sheet4 工作表中使用数组公式，计算 A1：A220 中偶数的个数，结果存放在单元格 B1 中。

3. 在 Sheet4 工作表中，使用函数，将单元格 D1 中的数四舍五入到整千，结果存放在单元格 D2 中。

4. 使用函数，根据 Sheet1 工作表中的数据，计算每个人的总成绩和全部报考人的两门课程的平均分，将计算结果保存到表中的"总成绩"列和"平均分"行中。总成绩、平均分，四舍五入保留小数 1 位。（提示：总成绩=公共理论×30%+专业知识×70%+特长分）

5. 使用数组公式，统计报考"小学音乐"的总人数，结果存入单元格 J4 中，统计报考"小学音乐"所有人的总分数，结果存入单元格 J5 中。

6. 使用数组公式，根据"总成绩"列对所有考生进行排名（如果多个数值排名相同，则返回该数组的最佳排名）。要求：将排名结果保存在"排名"列中。

任务 2.4　逻辑函数

一、实验目的

（1）掌握逻辑运算的规则。

（2）掌握逻辑函数的使用，包括 AND、OR、NOT、IF、IFS、SWITCH 函数。

（3）掌握逻辑函数 IF 与数组公式的应用技巧。

二、实验内容及操作步骤

以下实验都在文件"任务 4.xls"中完成。

1. 使用逻辑函数，判断学生三科成绩是否全优。判断条件是：语文、数学和英语三科成绩都大于等于 90 分的为优秀，若是则在"三科全优"列中填入"TRUE"，否则填入"FALSE"。

操作方法：在单元格 F2 中输入公式"=AND（C2>=90, D2>=90, E2>=90）"，双击单元格 F2 填充柄。

2. 使用逻辑函数，判断学生是否至少有一科成绩为优。判断条件是：语文或数学或英语三科成绩中有一科的成绩大于等于 90 分的为优秀，若是则在"一科优"列中填入"TRUE"，否则填入"FALSE"。

操作方法：在单元格 G2 中输入公式"=OR（C2>=90, D2>=90, E2>=90）"，双击单元格 G2 填充柄。

3. 使用逻辑函数，判断每个学生的每门功课是否均高于全班单科平均分。如果是，保存结果为"TRUE"，否则，保存结果为"FALSE"，并将结果保存到"优等生 1"列。

操作步骤如下。

步骤 1：根据题意，条件分析如图 2-35 所示（注意求各科平均分时相应单元格区域采用绝对引用，还要注意括号的配对）。

图 2-35　条件分析

步骤 2：根据以上分析，在单元格 H2 中插入逻辑函数 AND，在 AND 函数参数对话框中输入如图 2-36 中所示的 3 个条件。单击"确定"按钮。双击 H2 单元格的填充柄。

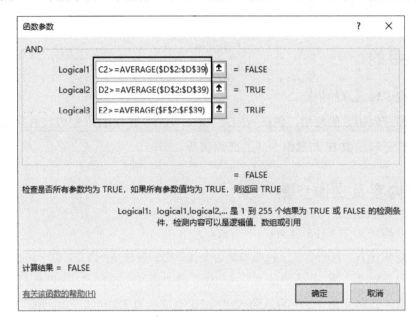

图 2-36　AND 函数参数对话框

4. 使用逻辑函数，判断每个学生的每门功课是否均高于全班单科平均分。如果是，保存结果为"是"；否则，保存结果为"否"；并将结果保存到"优等生 2"列。

操作步骤如下。

步骤 1：根据题意，条件如上所述。

步骤 2：根据以上分析，在单元格 I2 中插入逻辑函数 IF，在 IF 函数参数对话框中输入如图 2-37 中所示的 3 个参数，其中 Logical_test 参数就是上述的 AND 函数。单击"确定"按钮。双击 I2 单元格的填充柄。

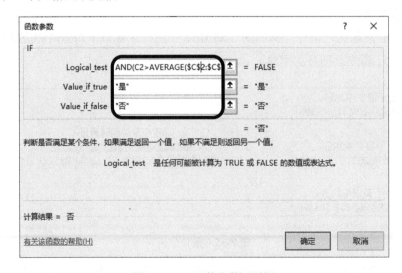

图 2-37　IF 函数参数对话框

也可以用 SWITCH 函数实现，如图 2-38 所示。

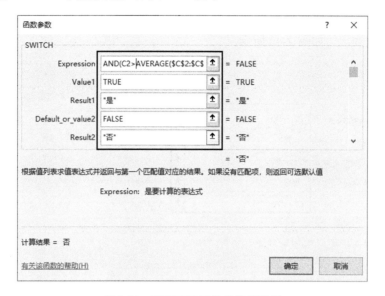

图 2-38　SWITCH 函数参数对话框

读者自行尝试用函数 IFS 完成。

5. 使用逻辑函数，判断每个学生的语文成绩的等第，要求：若语文成绩≥90 则为"优秀"；90>语文成绩≥80 则为"良好"；80>语文成绩≥70 则为"中等"；70>语文成绩≥60则为"及格"；否则为"不及格"，并将结果保存到"语文等第"列。

操作方法：在单元格 J2 中插入逻辑函数 IF，在 IF 函数参数对话框中设置 Logical_test参数为"C2>=90"，Value_if_true 参数为"优秀"，那么此时在 Logical_test 为假时就不只是一种情况而是要继续判断语文成绩≥80，再根据判断情况得到"良好"等结果，因此在Value_if_false 参数中需要继续使用 IF 函数，以此类推直到只剩下两种情况（如图 2-39 所示）。单击"确定"按钮。双击 J2 单元格的填充柄。

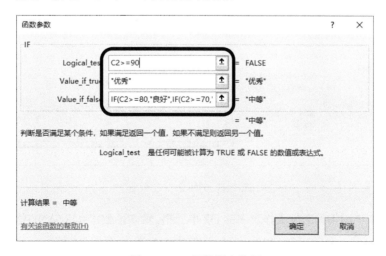

图 2-39　IF 函数嵌套使用

注：在输入 Value_if_false 参数时可以再次单击函数输入框中的 IF 函数以再次打开 IF 函数参数对话框然后继续输入参数。

用 IFS 函数实现，如图 2-40 所示。

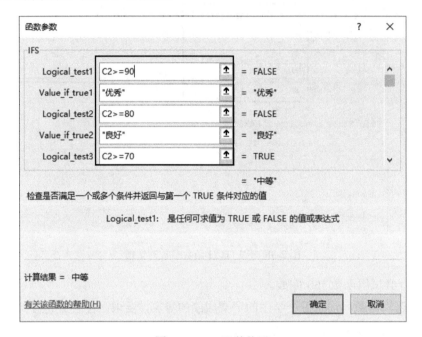

图 2-40　IFS 函数使用

读者自行尝试用函数 SWITCH 完成。

6. 使用函数，在"闰年判断"工作表中，判断当年是否为闰年，结果为 TRUE 或 FALSE 并填充到"是否闰年 1"列（闰年定义为年份能被 4 整除而不能被 100 整除，或者能被 400 整除的年份）。

操作步骤如下。

步骤 1：根据题意，闰年条件分析如图 2-41 所示。

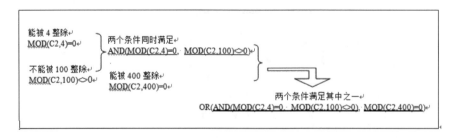

图 2-41　闰年条件分析

步骤 2：选中"闰年判断"工作表中的 D2 单元格，输入函数"=OR(AND(MOD(C2, 4)=0, MOD(C2, 100)<>0), MOD(C2, 400)=0)"。双击 D2 单元格的填充柄。

7. 使用函数，判断"闰年判断"工作表中的年份是否为闰年，如果是，结果保存为"闰年"；如果不是，则结果保存为"平年"，并将结果保存在"是否闰年 2"列中。

操作步骤如下。

步骤 1：判断条件同上，如图 2-41 所示。

步骤 2：选中"数据输入技巧"工作表中的 E2 单元格，单击编辑栏上的"插入函数"按钮，打开"插入函数"对话框并选择"逻辑"函数中的 IF 函数，单击"确定"按钮，打开 IF 函数参数对话框，并在相应的文本框中输入如图 2-42 所示的参数（Logical_test 文本框中的参数为"OR(AND(MOD(C2,4)=0, MOD(C2,100)<>0), MOD(C2,400)=0)"）。双击 E2 单元格的填充柄。

图 2-42　IF 函数参数对话框

8. 使用 IF、MAX、MIN 函数和数组公式，完成"数据"工作表中的数据统计。

操作方法：在单元格 D43 中输入公式"=MAX(IF(K2:K39="女", C2:C39))"（也可使用公式"=MAX((K2:K39="女")*C2:C39)"），同时按下 Ctrl+Shift+Enter 组合键。在单元格 D44 中输入公式"=MIN(IF(K2:K39="男", D2:D39))"，同时按下 Ctrl+Shift+Enter 组合键。

说明：以上也可以用函数 MAXIFS、MINIFS 实现，操作由读者自行完成。

三、作业

打开文件"作业 4.xlsx"，完成以下操作：

1. 在 Sheet4 中，使用函数，将 B1 单元格中的时间四舍五入到最接近的 6 分钟的倍数，结果存放在 C1 单元格中。

2. 将 Sheet4 中的 A1 单元格设置为只能录入 4 位文本。当录入位数错误时，提示错误原因，样式为"警告"，错误信息为"只能录入 4 位数字或文本"。

3. 在 Sheet1 中用函数计算全国工业废水污染物直排总量，并存入 L2 单元格中。同时用函数求出最大排污量，存入相应的单元格中。

4. 计算各省市工业废水污染物直排量占全国比重，并把计算结果存入"工业废水污染物直排量占全国比重%"列中，四舍五入保留 2 位小数。（提示：工业废水污染物直排量占全国比重＝各地区工业废水污染物直排总量/全国工业废水污染物直排总量×100）

5. 使用逻辑函数，判断是否是环保需要关注的省市。判断条件是："挥发酚直排量>10"且"氰化物直排量>15"，或"氨、氮直排量>10000"，若条件成立则为环保重点关注省市，在"环保需要关注的省市"列中填入"关注"，否则填入"非关注"。

6. 保存文件"作业 4.xlsx"。

任务 2.5　查找与引用函数

一、实验目的

（1）掌握查找与引用的概念。
（2）掌握查找与引用函数参数的含义。
（3）掌握查找与引用函数的使用方法，包括 ROW、COLUMN、CHOOSE、MATCH、INDEX、LOOKUP、OFFSET、HLOOKUP、VLOOKUP、INDIRECT 函数。

二、实验内容及操作步骤

以下操作全部在"任务 5.xlsx"文件中完成。

1. 将 Sheet1 中的数据区域进行隔行填充底纹效果即设置成一行无底纹填充，一行有底纹填充。

操作步骤如下。

步骤 1：选择单元格区域 A1:E889，切换到"开始"选项卡，单击"样式"组中的"条件格式"按钮。

步骤 2：从弹出的菜单中选择"新建规则"命令（如图 2-43 所示），打开"编辑格式规则"对话框。在该对话框中，选中"使用公式确定要设置格式的单元格"；在"为符合此公式的值设置格式"输入框中输入"=MOD(ROW(),2)=0"（如图 2-44 所示），单击"格式"按钮打开"设置单元格格式"对话框。

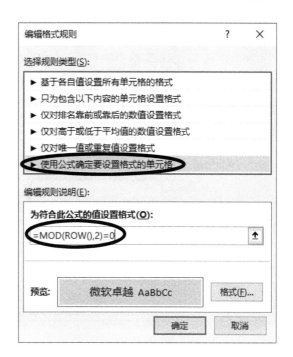

图 2-43　"条件格式"菜单　　　　　　　图 2-44　"编辑格式规则"对话框

步骤 3：在"设置单元格格式"对话框中，切换到"填充"选项卡，选择合适背景填充底纹，如图 2-45 所示，单击"确定"按钮。

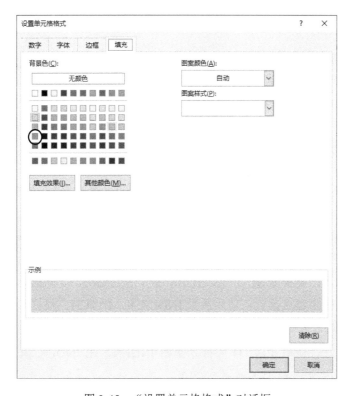

图 2-45　"设置单元格格式"对话框

2. 在 Sheet1 工作表的 O3 单元格中可以选择不同产品名称，使用函数查询 O3 单元格中的产品在数据表 I4:L16 表格中的列号，结果放在单元格 P4 中。

操作方法：在单元格 P4 中插入函数 MATCH，在 MATCH 函数参数对话框中输入如图 2-46 所示的参数。单击"确定"按钮。

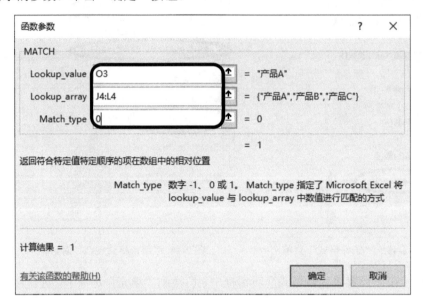

图 2-46　MATCH 函数参数对话框

注：MATCH 函数参数说明。

参数 Lookup_value 是指需要在 Lookup_array 中查找的值；

参数 Lookup_array 是指要搜索的单元格区域；

参数 Match_type 有三个可选值，分别为：

① −1 表示 MATCH 函数会查找大于或等于 Lookup_value 的最小值，要求 Lookup_array 参数中的值必须按降序排列。

② 0 表示 MATCH 函数会查找等于 Lookup_value 的第一个值。

③ 1 或省略表示 MATCH 函数会查找小于或等于 Lookup_value 的最大值，要求 Lookup_array 参数中的值必须按升序排列。

3. 在 Sheet1 工作表的 N4 单元格中可以选择不同月份，使用函数查询 N4 单元格中的月份在数据表 I4:L16 表格中的行号，结果放在单元格 N5 中。

操作方法：同上，不再赘述。

4. 在 O4 单元格中建立公式，使用函数 INDEX 和 MATCH，根据 O3 单元格的产品名称和 N4 单元格中的月份名称，查询对应的产品订单数量合计值。

方法一操作方法：在单元格 O4 中插入函数 INDEX，在 INDEX 函数参数对话框中输入如图 2-47 所示的参数。单击"确定"按钮。

图 2-47　INDEX 函数参数对话框

注：INDEX 函数说明。

参数 Array 是指为单元格区域或数组常量；

参数 Row_num 表示选择数组中的某行，函数从该行返回数值；

参数 Column_num 表示选择数组中的某列，函数从该列返回数值。

方法二操作方法：在单元格 O4 中插入函数 OFFSET，在 OFFSET 函数参数对话框中输入如图 2-48 所示的参数。单击"确定"按钮。

图 2-48　OFFSET 函数参数对话框

注：OFFSET 函数参数说明。

➢ 参数 Reference 表示作为偏移量参照系的引用区域；

➢ 参数 Rows 表示相对于偏移量参照系的左上角单元格，上（下）偏移的行数；

➢ 参数 Cols 表示相对于偏移量参照系的左上角单元格，左（右）偏移的列数；

➢ 参数 Height 表示高度，即所要返回的引用区域的行数，Height 必须为正数；

➢ 参数 Width 表示宽度，即所要返回的引用区域的列数。

5. 在 Sheet1 工作表的 D2:D889 区域中，应用函数输入 B 列（类型）所对应的产品价格，价格信息可以在"价格表"工作表的"价目表 1"中进行查询。

方法一操作方法：在单元格 D2 中插入 HLOOKUP 函数，在 HLOOKUP 函数参数对话框中输入如图 2-49 所示的参数（注意 Table_arrray 区域要采用绝对引用，可拖选选区后直接按 F4 功能键实现绝对引用快速输入）。单击"确定"按钮。双击 D2 单元格的填充柄填充该列的数据。读者自行完成用 VLOOKUP 函数实现。

方法二操作方法：在单元格 D2 中插入 LOOKUP 函数，在 LOOKUP 函数参数对话框中输入如图 2-50 所示的参数。单击"确定"按钮。双击 D2 单元格的填充柄填充该列的数据。

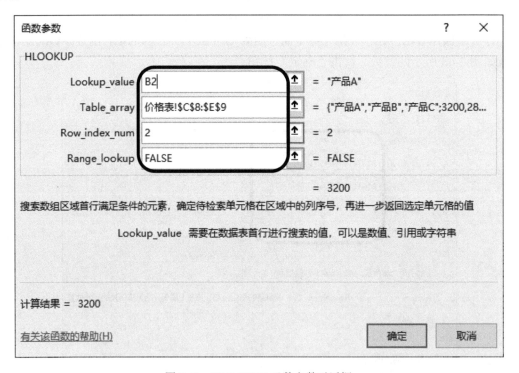

图 2-49 HLOOKUP 函数参数对话框

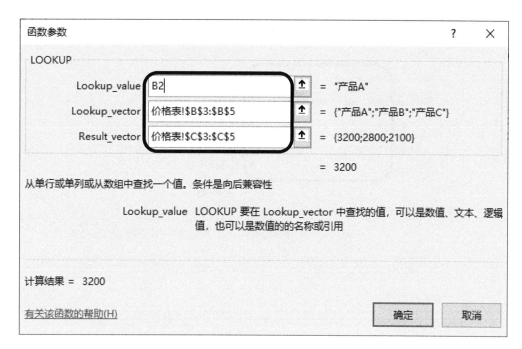

图 2-50　LOOKUP 函数参数对话框

方法三操作方法：在单元格 D2 中插入 INDEX 函数，在 INDEX 函数参数对话框中输入如图 2-51 所示的参数。单击"确定"按钮。双击 D2 单元格的填充柄填充该列的数据。

图 2-51　INDEX 函数参数对话框

方法四操作方法：在单元格 D2 中插入 OFFSET 函数，在 OFFSET 函数参数对话框中输入如图 2-52 所示的参数。单击"确定"按钮。双击 D2 单元格的填充柄填充该列的数据。

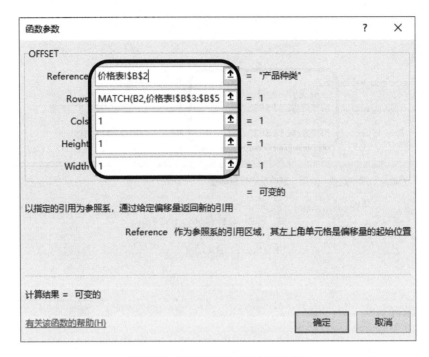

图 2-52　OFFSET 函数参数对话框

方法五操作方法：在单元格 D2 中插入 CHOOSE 函数，在 CHOOSE 函数参数对话框中输入如图 2-53 所示的参数。单击"确定"按钮。双击 D2 单元格的填充柄填充该列的数据。

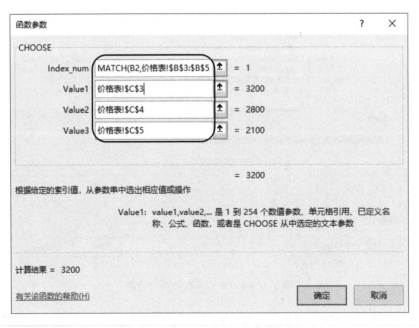

图 2-53　CHOOSE 函数参数对话框

注：CHOOSE 函数参数说明。

➢　参数 Index_num 用于指定所选定的值。Index_num 必须为 1 到 254 之间的数字，或者为公式或对包含 1 到 254 之间某个数字的单元格的引用。

➢　参数 Value1, Value2, …。这些值参数的个数介于 1 到 254 之间，函数 CHOOSE 基于 Index_num 从这些值参数中选择一个数值或一项要执行的操作。

6. 在 Sheet1 工作表的 E2:E889 区域中，计算每笔订单记录的金额，计算规则为：金额=价格×数量×（1-折扣百分比），折扣百分比由订单中订货数量和产品类型决定，可以在"折扣表"工作表中进行查询（提示：为便于计算，可对"折扣表"工作表中表格的结构进行调整）。

（1）不改变表结构。

操作方法：在 E2 单元格中输入公式"=C2*D2*(1-INDEX(折扣表!$C$3:$E$6, IF(C2<1000, 1, IF(C2<1500, 2, IF(C2<2000, 3, 4))), MATCH(B2, 折扣表!$C$2:$E$2)))"，回车确认后双击 E2 单元格的填充柄。公式说明：使用 IF 函数求出每笔订单的数量在表格中的行号，利用函数 MATCH 求出产品名称在表格中的列号，然后使用函数 INDEX 求出对应的折扣百分比。

（2）改为如单元格区域 B10:E14 所示的表结构。

操作方法：在 E2 单元格中输入公式"=C2*D2*(1-INDEX(折扣表!$C$11:$E$14, MATCH(C2, 折扣表!$B$11:$B$14, 1), MATCH(B2, 折扣表!$C$10:$E$10, 0)))"，回车确认后双击 E2 单元格的填充柄。

（3）改为如单元格区域 B19:E23 所示的表结构。

操作方法：在 E2 单元格中输入公式"=C2*D2*(1-INDEX(折扣表!$C$23:$E$23, MATCH(C2, 折扣表!$B$20:$B$23, -1), MATCH(B2, 折扣表!$C$19:$E$19, 0)))"，回车确认后双击 E2 单元格的填充柄。

7. 根据"二级菜单"工作表提供的信息，制作如图 2-54 所示的二级联动菜单（根据"学院"列中选择的学院，在"系"列中出现对应学院所设置的系）。

图 2-54　二级联动菜单

操作步骤如下。

步骤 1：给每一个学院的所有系所在的单元格区域定义名称，选择 A4:D4，单击"公式"选项卡下"定义的名称"组中的"根据所选内容创建"命令，在打开的对话框中勾选"最左列"复选框，单击"确定"按钮（如图 2-55 所示），重复完成所有学院系单元格区域的命名。

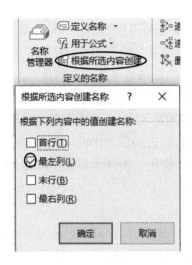

图 2-55　定义名称

步骤 2：选择单元格 G10，单击"数据"选项卡下"数据工具"组中的"数据验证"命令，打开"数据验证"对话框。"允许"中选择"序列"，"来源"中选择单元格区域$A$4：$A$6，单击"确定"按钮，如图 2-56 所示。

步骤 3：选择单元格 H10，单击"数据"选项卡下"数据工具"组中的"数据验证"命令，打开"数据验证"对话框。"允许"中选择"序列"，"来源"中输入公式"=INDIRECT（$G$10）"，单击"确定"按钮，如图 2-57 所示。

图 2-56　"数据验证"对话框（1）

图 2-57　"数据验证"对话框（2）

三、作业

（一）打开文件"作业 5_1.xlsx"，完成以下操作：

1. 在 Sheet1 工作表的"单价"列中，使用条件格式将各类书单价（<=30 元）单元格中数字颜色设置为绿色、加粗显示。注意：选中数据时，请不要连同列名一起选中。

2. 使用函数判断 Sheet4 工作表的 B1 单元格中的 2020 年是否为闰年，如果是则填充逻辑值 TRUE，否则填充逻辑值 FALSE，存入 C1 单元格中。闰年定义：年数能被 4 整除而不能被 100 整除，或者能被 400 整除的年份。

3. 在 Sheet4 工作表的 A1 单元格中设置为只能录入 6 位数字或文本。当录入位数错误时，提示错误原因，样式为"警告"，错误信息为"只能录入 6 位数字或文本"。

4. 使用 HLOOKUP 函数，对 Sheet1 "计算机书籍星期一、三、五促销报表"中的"优惠幅度"列进行填充。根据 Sheet1 中的"优惠打折的图书类别"幅度，对"优惠幅度"列根据"商品类别编号"进行填充。

5. 使用函数和数组公式（不能使用排名函数）对"销售金额"进行排名，将排名结果存入"销售排名"列中。

（二）打开文件"作业 5_2.xlsx"，完成以下操作：

1. 在"店铺"列的左侧插入一个空列，输入列标题为"序号"，并以 001、002、003、…的方式向下填充该列到最后一个数据行。

2. 将工作表标题跨列合并后居中并适当调整其字体、加大字号，改变字体颜色。适当加大数据表的行高和列宽，设置对齐方式及"销售额数据"列的数值格式（保留 2 位小数），并为数据区域增加边框线。

3. 将工作表"平均单价"中的区域 B3:C7 定义名称为"商品均价"。运用公式计算工作表"销售情况"中 F 列的销售额，要求在公式中通过 VLOOKUP 函数自动在工作表"平均单价"中查找相关商品的单价，并在公式中引用所定义的名称"商品均价"。

任务 2.6　文本函数

一、实验目的

（1）掌握处理文本的方法。

（2）掌握文本函数参数的含义。

（3）掌握文本函数的使用方法，包括 LEFT（B）、RIGHT（B）、LEN（B）、MID（B）、EXACT、CONCAT/CONCATENATE、REPLACE（B）/SUBSTITUTE（B）、FIND（B）/SEARCH（B）、TRIM、TEXT、CLEAN 等函数。

二、实验内容及操作步骤

以下操作全部在"任务 6.xlsx"文件中完成。

1. 在 Sheet1 工作表中，使用文本子字符串截取函数和文本连接函数，根据身份证号码中第 7 位到第 14 位的 8 位信息，计算每人的出生日期，并填入"出生日期"列。出生日期的格式是形如"YYYY 年 MM 月 DD 日"的文本。

操作方法：单击 Sheet1 工作表的 F3 单元格，插入函数 CONCAT（或 CONCATENATE），在打开的 CONCAT 函数参数对话框中，输入如图 2-58 所示的参数。单击"确定"按钮。双击 F3 单元格的填充柄填充该列的数据。

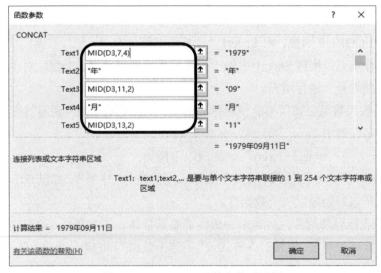

图 2-58　CONCAT 函数参数对话框

2. 请补充完整 Sheet1 工作表中"性别"一列的数据。其中身份证号码中倒数第 2 位为偶数的，表示女性，填写"女"；倒数第 2 位为奇数的，表示男性，填写"男"。

方法一操作方法：单击 C3 单元格，在单元格中输入公式"=IF(MOD(MID(D3, 17, 1), 2)=1, "男", "女")"，按回车键，再填充公式。

本题可以使用 SWITCH、IFS 函数实现，具体由读者自行完成。

方法二操作方法：单击 C3 单元格，在单元格中输入公式"=TEXT(MOD(MID(D3, 17, 1), 2), "男; ;女")"或"=TEXT(MOD(MID(D3, 17, 1), 2), "[=1]男; [=0]女")"，按回车键，再填充公式。此处 TEXT 函数用于判断。具体语法为：TEXT(Value, Format_text)，其中，Value：数值、计算结果为数值的公式，或对包含数值的单元格的引用；Format_text：使用双引号括起来作为文本字符串的数字格式。用于判断时的格式为：TEXT(Value, "正数;负数;零")，其用法如图 2-59 所示；TEXT(Value, "[条件 1];[条件 2];[其他]")，其用法如图 2-60 所示。

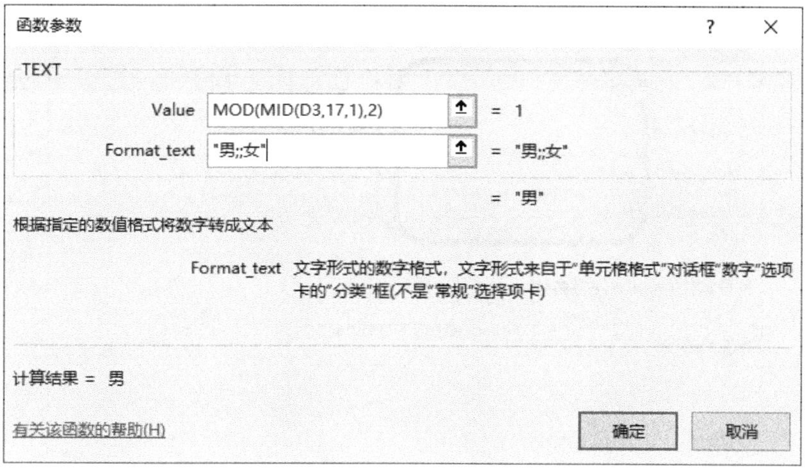

图 2-59　TEXT 函数 1

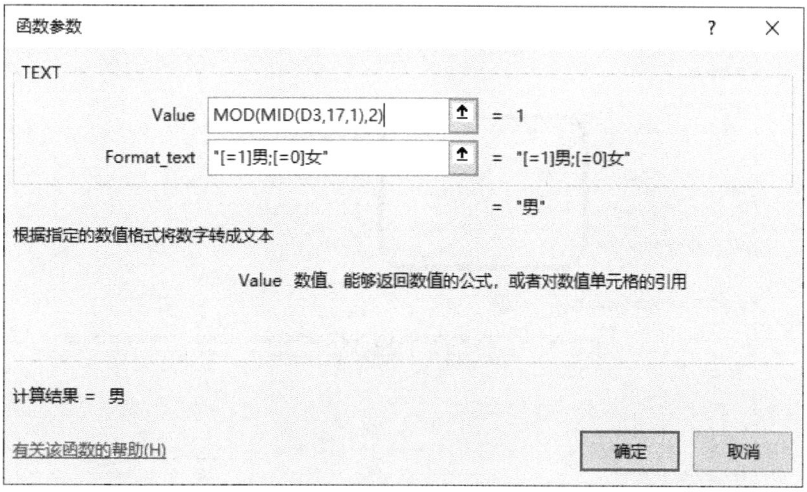

图 2-60　TEXT 函数 2

3. 使用 REPLACE 函数，对 Sheet1 工作表中职工的电话号码进行升级。要求：

➢ 对"原电话号码"列中的电话号码进行升级。升级方式是在区号（0572）后面加上"8"，并将其计算结果保存在"升级电话号码"列的相应单元格中。

➢ 例如，电话号码"05726742801"升级后为"057286742801"。

方法一操作方法：选择 Sheet1 工作表的 H3 单元格，插入 REPLACE 函数，在打开的 REPLACE 函数参数对话框中输入如图 2-61 所示的参数，单击"确定"按钮。双击 H3 单元格的填充柄填充该列的数据。

方法二操作方法：选择 Sheet1 工作表的 H3 单元格，插入 SUBSTITUTE 函数，在打开的 SUBSTITUTE 函数参数对话框中输入如图 2-62 所示的参数，单击"确定"按钮。双击 H3 单元格的填充柄填充该列的数据。

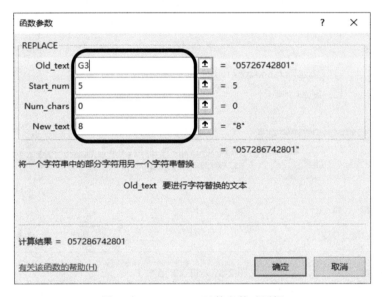

图 2-61　REPLACE 函数参数对话框

图 2-62　SUBSTITUTE 函数参数对话框（1）

4. 利用函数，对 Sheet1 工作表中的"籍贯"列数据完成如下操作：

➢ 　将数据中的空格删除。

➢ 　将数据中城市名称的汉语拼音删除，并在城市名后面添加文本"市"，如北京市。
操作步骤如下。

步骤 1：在"籍贯"列的边上插入一空白列（F 列），在 F3 单元格中插入 SUBSTITUTE
函数，在打开的 SUBSTITUTE 函数参数对话框中输入如图 2-63 所示的参数，单击"确定"
按钮。双击 F3 单元格的填充柄填充该列的数据。

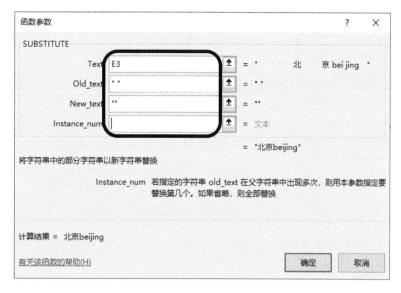

图 2-63　SUBSTITUTE 函数参数对话框（2）

说明：删除文本串前导和后导空格可以使用函数 TRIM 完成，删除不可见信息可以使
用 CLEAN 函数完成。

步骤 2：复制得到的数据，选择性粘贴到"籍贯"列中。

步骤 3：删除 F 列中的公式，在 F3 单元格中重新输入公式"=MID（E3, 1, LENB（E3）-
LEN（E3））&"市""（也可以使用快速填充功能实现，方法为在 F3 单元格中输入"北京"再
将光标定位在 F3 单元格中，单击"数据"选项卡下"数据工具"组中的"快速填充"命令）。

公式说明：LEN 函数的功能是求文本串的长度，其中 1 个汉字的长度为 1；LENB 函数
的功能也是求文本串的长度，与 LEN 不同的是 1 个汉字的长度为 2；两者的差值就是文本串
中汉字的个数。利用这两个函数可判断文本串是汉字串、英文串还是汉字英文混合串。步骤 3
也可使用公式"=REPLACE（E3, LENB（E3）-LEN（E3）+1, 2*LEN（E3）-LENB（E3）,""）&"市""
和公式"=LEFT（E3, LENB（E3）-LEN（E3））&"市""完成，表示从 LENB（E3）-LEN（E3）+1
开始的 2*LEN（E3）-LENB（E3）个字符用""，也就是将汉语拼音删除；函数
LEFT（E3, LENB（E3）-LEN（E3））则表示取出左侧的 LENB（E3）-LEN（E3）个字符。

步骤 4：复制得到的数据，选择性粘贴到"籍贯"列中；同时删除插入的列，为使界面
更美观可以适当调整"籍贯"列列宽。

5. 使用文本函数，判断 L6 单元格中的字符串 2 在 L5 单元格中的字符串 1 中的起始位置，并将结果存入 L7 单元格中。

操作方法：单击 Sheet1 工作表中的 L7 单元格，插入函数 FIND，在打开的 FIND 函数参数对话框中，输入如图 2-64 所示的参数。单击"确定"按钮。FINDB、SEARCH、SEARCHB 函数用法同 FIND 函数，功能也相似。

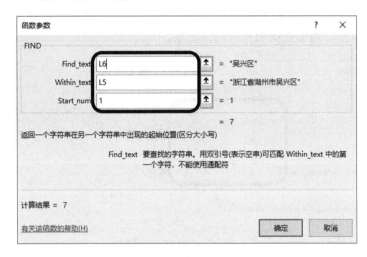

图 2-64　FIND 函数参数对话框

6. 使用文本函数，判断 L9 单元格中的字符串与 L10 单元格中的字符串是否完全相等，并将结果存入 L11 单元格中。

操作方法：单击 Sheet1 工作表中的 L11 单元格，插入公式"=EXACT（L9，L10）"，确认即可。

7. 对 Sheet1 工作表中的"实发工资"列的实发工资额，通过文本函数将实发工资总额转换成大写形式，显示在"大写金额"列中。

操作方法：单击 Sheet1 工作表中的 J3 单元格，插入函数 TEXT，在打开的 TEXT 函数参数对话框中，输入如图 2-65 所示的参数。单击"确定"按钮，双击 J3 单元格的填充柄。

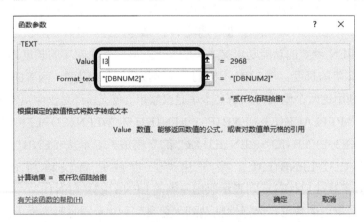

图 2-65　TEXT 函数参数对话框

三、作业

（一）打开文件"作业 6_1.xlsx"，完成以下操作：

1. 根据 Sheet5 工作表的 A1 单元格中的结果，使用函数将其转换为金额大写形式，保存在 Sheet5 工作表的 A2 单元格中。

2. 在 Sheet5 工作表中，使用函数，将 B1 单元格中的时间四舍五入到最接近的 8 分钟的倍数，结果存放在 C1 单元格中。

3. 使用 REPLACE 函数，对 Sheet1 工作表中"工号"列进行修改。要求：在"工号"列中的 0 和 6 之间插入 1，将修改后的工号填入表中的"更新后的工号"列中。

例如，20065389 修改为 200165389。

4. 在 Sheet1 工作表的数据区域中增加名为"实发工资"和"大写金额"的两个新列（处于奖金与统计条件之间），应用求和函数计算并填写该列数据（实发工资为基本工资、岗位津贴、职务津贴和奖金之和）；将实发工资以大写形式显示在"大写金额"列中。

5. 将 Sheet1 工作表中的内容复制到 Sheet2 的对应区域，不含"统计条件"列，并将数据按"实发工资"降序排列。

6. 在 Sheet1 工作表中，使用逻辑函数，判断员工是否有条件加工资，结果填入名为"统计条件"的列中。

加工资条件为："职称"——助工，"基本工资"<=1250 的员工；符合条件填"YES"否则填"NO"。应用函数，把符合加工资条件的人数填入 M3 单元格中。

（二）打开文件"作业 6_2.xlsx"，完成以下操作：

1. 在"主要城市降水量"工作表中，将 A 列数据中城市名称的汉语拼音删除，并在城市名的后面添加文本"市"，如"北京市"。

2. 将单元格区域 A1:P32 转换为表，为其套用一种恰当的表格格式，取消筛选和镶边行，将表的名称修改为"降水量统计"。

3. 将单元格区域 B2:M32 中所有的空单元格都填入数值 0；然后修改该区域的单元格数字格式，使得值小于 15 的单元格仅显示文本"干旱"再为这一区域应用条件格式，将值小于 15 的单元格设置为"黄色填充深黄色文本"（注意：不要修改单元格中的数值本身）。

4. 在单元格区域 N2:N32 中计算各城市全年的合计降水量，对其应用实心填充的数据条条件格式，并且不显示数值本身。

5. 在单元格区域 O2:O32 中，根据"合计降水量"列中的数值进行降序排名。

6. 在单元格区域 P2:P32 中，插入迷你柱形图，数据范围为 B2:M32 中的数值，并将高点设置为标准红色。

7. 在 R3 单元格中建立数据有效性，仅允许在该单元格中填入单元格区域 A2:A32 中的城市名称；在 S2 单元格中建立数据有效性，仅允许在该单元格中填入单元格区域 B1:M1 中的月份名称；在 S3 单元格中建立公式，使用 INDEX 函数和 MATCH 函数，根据 R3 单元格中的城市名称和 S2 单元格中的月份名称，查询对应的降水量；以上三个单元格最终显示的结果为广州市 7 月份的降水量。

任务 2.7　统计函数

一、实验目的

（1）掌握统计函数的参数（RANGE、CRITERIA）的含义。

（2）掌握数学函数的使用，包括 SUMIF、SUMIFS 函数。

（3）掌握统计函数的使用，包括 COUNTIF、COUNTIFS、AVERAGEIF、AVERAGEIFS、RANK.EQ、TRIMMEAN、MAXIFS、MINIFS 函数。

（4）掌握利用函数 COUNTIF 和数据有效性设置无重复数据输入。

二、实验内容及操作步骤

以下操作全部在"任务 7.xlsx"文件中完成。

1. 根据 Sheet1 工作表中提供的数据，在 Sheet2 的"销售额统计表"中，求出各销售人员的销售总额，将结果保存在"销售总额"列中。

操作方法：单击 Sheet2 工作表的 C4 单元格，插入 SUMIF 函数，在其函数参数对话框中输入如图 2-66 所示的参数（注意绝对引用和相对引用的使用），单击"确定"按钮。双击 C4 单元格的填充柄。

图 2-66　SUMIF 函数参数对话框

2. 在 Sheet2 的"销售额统计表"中，统计各销售人员不同户型的销售总额，将结果保存在销售总额单元格区域 E4:F8 中。

操作方法：单击 Sheet2 工作表的 E4 单元格，插入 SUMIFS 函数，在其函数参数对话框中输入如图 2-67 所示的参数（注意绝对引用和相对引用的使用），单击"确定"按钮。往右拖动 E4 单元格的填充柄，选择 E4:F4 后往下拖动 E4 单元格的填充柄。

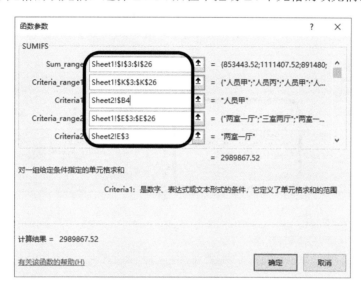

图 2-67　SUMIFS 函数参数对话框

3. 在 Sheet2 的"销售套数统计表"中，统计各销售人员的销售套数，将结果保存在"销售套数"列中。

操作方法：单击 Sheet2 工作表中的 C13 单元格，插入 COUNTIF 函数，在其函数参数对话框中输入如图 2-68 所示的参数（注意绝对引用和相对引用的使用），单击"确定"按钮。双击 C13 单元格的填充柄。

图 2-68　COUNTIF 函数参数对话框

4. 在 Sheet2 的"销售套数统计表"中，统计各销售人员不同户型的销售套数，将结果保存在单元格区域 D13：E17 中。

操作方法：单击 Sheet2 工作表中的 D13 单元格，插入 COUNTIFS 函数，在其函数参数对话框中输入如图 2-69 所示的参数（注意绝对引用和相对引用的使用），单击"确定"按钮。往右拖动 D13 单元格的填充柄，选择 D13：E13 后往下拖动 E13 单元格的填充柄。

图 2-69　COUNTIFS 函数参数对话框

5. 在房屋销售中，一套房是不能卖给不同的两个客户的，在 Sheet1 工作表中设定 D 列（楼号）不能输入重复的数值。

操作步骤如下。

步骤 1：选中 Sheet1 工作表中的 D 列，切换到功能区的"数据"选项卡，单击"数据工具"组中的"数据验证"的上半部按钮，打开"数据验证"对话框。

步骤 2：切换到"设置"选项卡，选择"允许"为"自定义"；在"公式"文本框中输入公式"=COUNTIF（D：D，D1）=1"，如图 2-70 所示。

步骤 3：再切换到"出错警告"选项卡，选择"样式"为"警告"；在"错误信息"文本框中输入"不能输入重复的数值"，如图 2-71 所示，单击"确定"按钮完成设置。

图 2-70　设置数据有效性

图 2-71　设置出错息

6. 在 Sheet2 的"销售均价统计表"中，求出不同户型的平均销售单价，将结果保存在"销售均价"列中。

操作方法：使用 AVERAGEIF 函数，用法同 SUMIF 函数，请自行完成计算。

7. 在 Sheet2 的"销售均价统计表"中，求出不同销售人员销售的不同户型的平均销售单价，将结果保存在单元格区域 D22:H23 中，若某销售人员从未出售过某户型则显示"–"。

操作方法：选中 Sheet2 工作表中的 D22 单元格，单击编辑栏上的"插入函数"按钮，打开"插入函数"对话框并选择 IFERROR 函数。单击"确定"按钮，打开 IFERROR 函数参数对话框，并在相应的文本框中输入如图 2-72 所示的参数（在 Value 参数中输入函数 AVERAGEIFS 函数，其用法同 SUMIFS 函数）。单击"确定"按钮，再填充公式即可。

图 2-72　IFERROR 函数参数对话框

说明：IFERROR 函数的功能是如果公式的计算结果为错误，则返回指定的值；否则将返回公式的结果。其语法格式为：IFERROR（Value，Value_if_error），其中参数 Value 为检查是否存在错误的参数；参数 Value_if_error 为公式的计算结果为错误时要返回的值。

8.　使用函数，根据 Sheet2 工作表中"销售总额"列的结果，对每个销售人员的销售情况进行排序，并将结果保存在"销售名次"列当中（若有相同排名，返回最佳排名）。

操作方法：选中 Sheet2 工作表中的 D4 单元格，单击编辑栏上的"插入函数"按钮，打开"插入函数"对话框，并选择 RANK.EQ 函数。单击"确定"按钮，打开 RANK.EQ 函数参数对话框，并在相应的文本框中输入如图 2-73 所示的参数（注意使用绝对引用，用鼠标拖选单元格区域后，直接按下 F4 键实现绝对引用输入）。单击"确定"按钮，再填充公式即可。

9. 根据 Sheet1 工作表中提供的"户型"和"房价总额"两列数据，在 E29:G31 单元格区域中求出不同户型的最高销售额和最低销售额，分别填入相应的单元格中。

操作方法：选中 Sheet1 工作表中的 F30 单元格，单击编辑栏上的"插入函数"按钮，打开"插入函数"对话框，并选择 MAXIFS 函数。单击"确定"按钮，打开 MAXIFS 函数参数对话框，并在相应的文本框中输入如图 2-74 所示的参数（注意使用绝对引用，用鼠标拖选单元格区域后，直接按下 F4 键实现绝对引用输入）。单击"确定"按钮，再填充公式即可。

图 2-73　RANK.EQ 函数参数对话框

图 2-74　MAXIFS 函数参数对话框

求最低销售额可以使用函数 MINIFS，其用法同 MAXIFS，读者自行完成。

10. 奥运会体操比赛裁判员人数为 9 人，计分规则为当裁判亮分后，成绩先去掉一个最高分，去掉一个最低分，再计算剩下分数的平均值。按上述计分规则求"体操评分"工作表中每一位选手的最后得分。

操作方法：选中"体操评分"工作表中的 K2 单元格，单击编辑栏上的"插入函数"按钮，打开"插入函数"对话框并选择 TRIMMEAN 函数，单击"确定"按钮。打开 TRIMMEAN 函数参数对话框，并在相应的文本框中输入如图 2-75 所示的参数。单击"确定"按钮，再填充公式即可（Percent 参数说明，采用分数形式 X/Y，其中 X 为去除的数据个数，Y 为原数据总个数）。

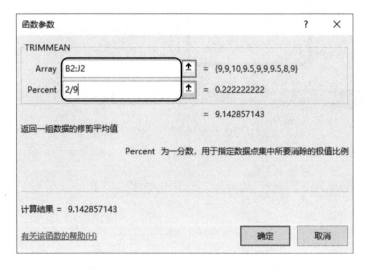

图 2-75　TRIMMEAN 函数参数对话框

三、作业

1. 打开文件"作业 7_1.xlsx"，完成以下操作：

（1）在 Sheet4 工作表中，使用函数，将 C1 单元格中的时间四舍五入到最接近的 9 分钟的倍数，结果存放在 C2 单元格中。

（2）在 Sheet4 工作表中使用函数组合，计算 A1:A10 中偶数的个数，将结果存放在 B1 单元格中。

（3）在 Sheet4 工作表中，使用函数，将 D1 单元格中的数四舍五入到整千，并将结果存放在 D2 单元格中。

（4）使用 VLOOKUP 函数，对 Sheet1 工作表中"某地区报考统计表"的"特长分"列进行填充。根据"特长分"中的加分，使用 VLOOKUP 函数，将其分值填充到"某地区报考统计表"的"特长分"列中。函数中的参数要采用绝对地址，请使用绝对地址进行答题。

（5）使用函数，根据 Sheet1 工作表中的数据，计算每个人的总成绩和全部报考二门课程的平均分，将计算结果保存到表中的"总成绩"列和"平均分"行中。将总成绩、平均分四舍五入保留 1 位小数（提示：总成绩=公共理论×30%+专业知识×70%+特长分）。

（6）使用 RANK 函数，根据"总成绩"列对所有考生进行排名（如果多个数值排名相同，则返回该数组的最佳排名）。要求：将排名结果保存在"名次"列中。

（7）使用统计函数，统计报考"小学音乐"的总人数，存入 J13 单元格中，统计报考"小学音乐"所有人的总分数和平均分，存入 J14 和 J15 单元格中。

2. 打开文件"作业 7_2.xlsx"，完成以下操作：

（1）利用"成绩单"工作表中的数据，完成"按班级汇总"和"按学校汇总"工作表中相应空白列的数值计算。具体提示如下：

① "考试学生数"列必须利用公式计算，"平均分"列由"成绩单"工作表数据计算得出。

② 所有工作表中"考试学生数""最高分""最低分"显示为整数；各类平均分显示为数值格式，并保留 2 位小数。

（2）新建"按学校汇总 2"工作表，将"按学校汇总"工作表中所有单元格数值转置复制到新工作表中。

任务 2.8　数据库函数

一、实验目的

（1）掌握数据库函数条件区域的设置方法。

（2）掌握数据库函数参数（DATABASE、FIELD、CRITERIA）的含义。

（3）掌握数据库函数的使用，包括 DCOUNT、DCOUNTA、DSUM、DAVERAGE、DGET、DMAX、DMIN 等函数。

（4）理解相对引用、绝对引用在设置数据库函数条件中的应用。

二、实验内容及操作步骤

以下操作全部在"任务 8.xlsx"文件中完成。

1. 在 Sheet2 工作表的"销售套数统计表"中统计各销售人员的销售房产套数，将结果保存在"销售套数"列中。

方法 1 操作步骤如下。

步骤 1：做出如图 2-76 所示的条件区域。

28	销售人员	销售人员	销售人员	销售人员	销售人员
29	人员甲	人员乙	人员丙	人员丁	人员戊

图 2-76　条件区域

条件区域的做法：条件区域至少包含两行，在默认情况下，第一行作为字段标题（内容和格式与 Database 第一行相同），第二行开始作为条件参数。在某些情况下，字段标题可以留空，条件参数也可以留空，表示任意条件。同一列中包含多个条件参数，表示并列的逻辑"或"，满足其中任一条件均能计入函数统计范畴；同一行中包含多个条件参数，表示逻辑"与"，同时满足这些条件的记录可以被函数计入统计范畴；不同行中包含多个条件参数，表示逻辑"或"，满足其中任一条件的记录可以都被函数计入统计范畴。

步骤 2：单击 Sheet2 工作表的 C13 单元格，插入 DCOUNT 函数，在其函数参数对话框中输入如图 2-77 所示的参数（注意绝对引用和相对引用的使用），单击"确定"按钮。说明：Field 表示要使用的数据列，可以用 1，2，3，…等来表示数据列的位置，也可以用列标题来表示，如"联系电话"，由于 DCOUNT 函数用于统计数值单元格的个数，因此只能选择数值型（整数、小数、日期、时间）数据列，不能选择文本型列。

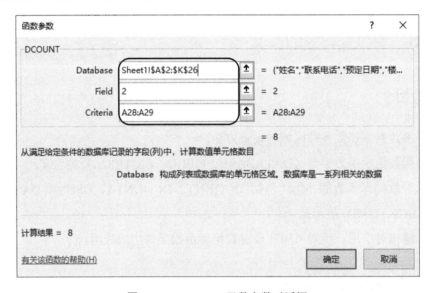

图 2-77　DCOUNT 函数参数对话框

说明：用同样的方法分别求出其他销售人员的销售套数。但在这种条件区域下通常不能采用填充的方法来完成计算其他销售人员的销售套数。另外，也可以使用 DCOUNTA 函数来求解该题。请读者自行完成。用此方法设置的条件区域时，求 1 个或少量的统计数据是可行的，但当统计数据较多时工作量较大不能利用单元格填充柄来完成填充公式以快速求得其他销售人员的销售数据。

方法 2 操作步骤如下。

步骤 1：做出如图 2-78 所示的条件区域，说明：条件参数的公式中不能直接引用字段标题，当需要引用整个字段时，可以使用第一条记录所在单元格作为引用，且必须使用相对引用方式；在条件公式中需要引用非整列字段的数据区域时，必须使用绝对引用方式。

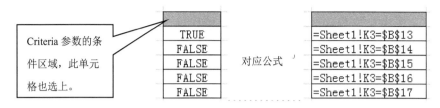

TRUE		=Sheet1!K3=$B$13
FALSE	对应公式	=Sheet1!K3=$B$14
FALSE		=Sheet1!K3=$B$15
FALSE		=Sheet1!K3=$B$16
FALSE		=Sheet1!K3=$B$17

图 2-78　条件区域

步骤 2：单击 Sheet2 工作表中的 C13 单元格，插入 DCOUNT 函数，在其函数参数对话框中输入如图 2-79 示的参数（注意绝对引用和相对引用的使用），单击"确定"按钮。双击 C13 单元格的填充柄。说明：条件区域 Criteria 参数必须连同第一个单元格一起选上（如图 2-78 所示）且该单元格可以为空也可以除列的列名"销售人员"以外的任何数据（当为列名时的结果如图 2-80 所示）。

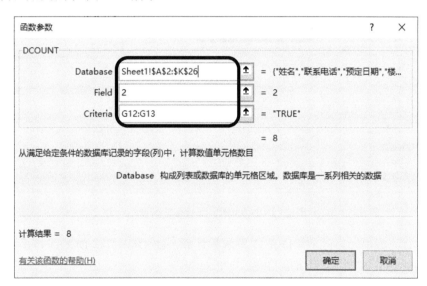

图 2-79　DCOUNT 函数参数对话框

销售套数统计表		户型		销售人员
销售人员	销售套数	两室一厅	三室两厅	
人员甲	0			TRUE
人员乙	4			FALSE
人员丙	7			FALSE
人员丁	1			FALSE
人员戊	4			FALSE

图 2-80　错误条件区域

2. 在 Sheet2 工作表的"销售套数统计表"中，统计各销售人员不同户型的销售套数，将结果保存在单元格区域 D13：E17 中。

操作步骤如下。

步骤 1：做出如图 2-81 所示的条件区域。

TRUE	TRUE	=Sheet1!K3=$B$13	=Sheet1!E3=$D$12
FALSE	TRUE	=Sheet1!K3=$B$14	=Sheet1!E3=$D$12
FALSE	TRUE	=Sheet1!K3=$B$15	=Sheet1!E3=$D$12
FALSE	TRUE	=Sheet1!K3=$B$16	=Sheet1!E3=$D$12
FALSE	TRUE	=Sheet1!K3=$B$17	=Sheet1!E3=$D$12

图 2-81   条件区域（1）

步骤 2：单击 Sheet2 工作表中的 D13 单元格，插入 DCOUNT 函数，在其函数参数对话框中输入如图 2-82 所示的参数，单击"确定"按钮，双击 D13 单元格的填充柄。

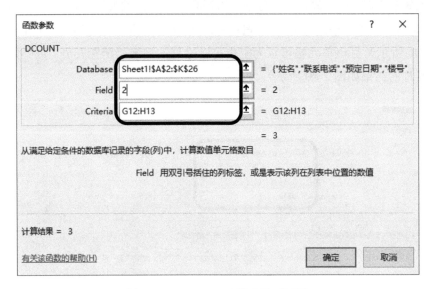

图 2-82   DCOUNT 函数参数对话框

读者自行完成单元格区域 E13：E17 的求解计算；DCOUNT 和 DCOUNTA 函数功能相当于统计函数 COUNTIF 或 COUNTIFS。

3. 在 Sheet2 工作表的"销售额统计表"中，求出各销售人员的销售总额，将结果保存在"销售总额"列中。

操作步骤如下。

步骤 1：做出如图 2-83 所示的条件区域。

TRUE	=Sheet1!K3=$B$4
FALSE	=Sheet1!K3=$B$5
FALSE	=Sheet1!K3=$B$6
FALSE	=Sheet1!K3=$B$7
FALSE	=Sheet1!K3=$B$8

图 2-83   条件区域（2）

步骤 2：单击 Sheet2 工作表中的 C4 单元格，插入 DSUM 函数，在其函数参数对话框中输入如图 2-84 所示的参数，单击"确定"按钮，双击 C4 单元格的填充柄。

图 2-84　DSUM 函数参数对话框

4. 在 Sheet2 工作表的"销售额统计表"中,求各销售人员不同户型的销售总额,将结果保存在单元格区域 D4:E8 中。

操作步骤如下。

步骤 1:做出如图 2-85 所示的条件区域。

TRUE	TRUE	=Sheet1!K3=$B$4	=Sheet1!E3=$D$3
FALSE	TRUE	=Sheet1!K3=$B$5	=Sheet1!E3=$D$3
FALSE	TRUE	=Sheet1!K3=$B$6	=Sheet1!E3=$D$3
FALSE	TRUE	=Sheet1!K3=$B$7	=Sheet1!E3=$D$3
FALSE	TRUE	=Sheet1!K3=$B$8	=Sheet1!E3=$D$3

图 2-85　条件区域（3）

步骤 2:单击 Sheet2 工作表中的 D4 单元格,插入 DSUM 函数,在其函数参数对话框中输入如图 2-86 所示的参数,单击"确定"按钮,双击 D4 单元格的填充柄。

图 2-86　DSUM 函数参数对话框

读者自行完成单元格区域 E4：E8 中的求解计算，DSUM 函数功能同数学函数 SUMIF、SUMIFS 函数。

5. 在 Sheet2 工作表的"销售均价统计表"中，求出不同户型的销售平均单价，将结果保存在"销售均价"列中。

操作方法：使用 DAVERAGE 函数，仿照 DSUM 函数，请读者自行完成。

6. 在 Sheet2 工作表的"销售均价统计表"中，求出不同销售人员销售的不同户型的平均销售单价，将结果保存在单元格区域 D22：H23 中。

操作方法：使用 DAVERAGE 函数，仿照 DSUM 函数，请读者自行完成。

DAVERAGE 函数功能同统计函数 AVERAGEIF、AVERAGEIFS 函数。

7. 利用 Sheet2 工作表中的"销售额统计表"统计各销售人员的销售总额，求出 2019 年的销售冠军。

操作步骤如下。

步骤 1：做出如图 2-87 所示的条件区域。

图 2-87　条件区域（4）

步骤 2：单击 Sheet2 工作表中的 L3 单元格，插入 DGET 函数，在其函数参数对话框中输入如图 2-88 所示的参数，单击"确定"按钮（注：若最大值不唯一，函数计算结果将出错）。

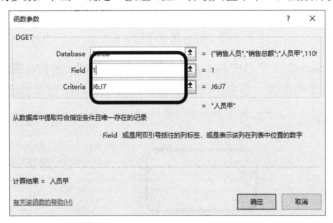

图 2-88　DGET 函数参数对话框

说明：其他数据库函数用法同 DCOUNT、DSUM、DAVERAGE 和 DGET 函数，这里不再赘述。

三、作业

打开文件"作业 8.xlsx"，完成以下操作：

（1）在 Sheet1 工作表中，使用条件格式将各科成绩不及格（＜60）单元格中数字颜色设置为红色、加粗显示。注意：选中数据时，请不要连同列名一起选中。

（2）使用 REPLACE 函数，对 Sheet1 工作表中的"学号"进行修改。要求：将"学号"中的 2013 修改为 2019；将修改后的学号填入表中的"修改后的学号"列中。

　＊例如　2013213871　修改为　2019213871。

（3）使用函数，根据 Sheet1 工作表中的数据，计算每位学生的总分和平均分，将计算结果保存到表中的"总分"列和"平均分"列中，"平均分"列小数位四舍五入。

（4）在 Sheet3 工作表中，利用数据库函数，计算"大学英语"成绩大于等于 85 分，而"普通物理"成绩小于 70 分但大于 60 分的同学，并将这些同学的"高等数学"的平均分填入单元格 L2 中。

任务 2.9　日期和时间函数

一、实验目的

（1）掌握日期和时间序列数的概念。

（2）掌握日期和时间函数的使用，包括 DATE、EDATE、DATEDIF、TODAY、YEAR、MONTH、DAY、TIME、HOUR、MINUTE、SECOND 等函数。

二、实验内容及操作步骤

以下操作全部在"任务 9.xlsx"文件中完成。

1. 使用函数，对工作表 Sheet1 中职工的"出生年月"列进行填充。要求：身份证号的第 7～10 位表示出生年份，第 11～12 位表示出生月份，第 13～14 位表示天数。出生年月的日期格式为"YYYY 年 MM 月 DD 日"。

操作方法：单击 Sheet1 工作表中的 D3 单元格，插入时间函数 DATE，在打开的 DATE 函数参数对话框中，输入如图 2-89 所示的参数。单击"确定"按钮。双击 D3 单元格的填充柄填充该列的数据。

2. 使用函数，对工作表 Sheet1 中职工的"是否闰年出生"列进行填充，若是在闰年出生的则填入数据"是"，否则填入数据"否"。

方法一操作方法：在 E3 单元格中输入公式"=IF(OR(AND(MOD(YEAR(D3),4)=0,MOD(YEAR(D3),100)<>0),MOD(YEAR(D3),400)=0),"是","否")"，双击 E3 单元格的填充柄即可。

方法二操作方法：在 E3 单元格中输入公式"=IF(DAY(DATE(YEAR(D3),3,0))=29,"是","否")"，双击 E3 单元格的填充柄即可。说明：函数 DAY(DATE(YEAR(D3),3,0))

表示求出 E3 单元格日期年份的 2 月份的最后一天。

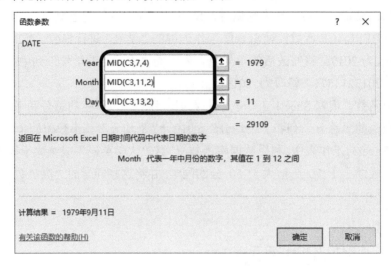

图 2-89　DATE 函数参数对话框

方法三操作方法：在 E3 单元格中输入公式"=IF(DAY(EOMONTH(D3, 2−MONTH(D3)))=29, "是", "否")"，双击 E3 单元格的填充柄即可。说明：函数 EOMONTH(D3, 2−MONTH(D3)) 表示求出 D3 单元格日期年份的 2 月份的最后一天，EOMONTH 函数功能为返回某个月份最后一天的序列号，该月份与 Start_date 相隔（之前或之后）指示的月份数，参数 Start_date 是一个代表开始日期的日期，参数 Month 是指 Start_date 之前或之后的月份数。

3. 使用函数，对工作表 Sheet1 中职工的"是否周末出生"列进行填充，若是在周末（星期六或星期天）出生的则填入数据"是"，否则填入数据"否"。

操作方法：在 F3 单元格中输入公式"=IF(OR(WEEKDAY(D3, 2)=6, WEEKDAY(D3, 2)=7), "是", "否")"，双击 F3 单元格的填充柄即可。

WEEKDAY 函数说明：计算指定日期是星期几，参数及用法如图 2-90 所示。其中参数 Serial_number 指要计算的日期序列；Return_type 的值及含义如图 2-91 所示。

图 2-90　WEEKDAY 函数参数对话框

图 2-91　WEEKDAY 函数 Return_type 参数含义

4. 使用函数，对 Sheet1 工作表中职工的当前"年龄"列进行计算。要求：使用当前日期，结合职工的出生年月，计算职工的年龄，并将计算结果保存在"年龄"列当中。计算方法为两个时间年份之差。

操作步骤如下。

步骤 1：单击 Sheet1 工作表中的 G3 单元格，插入时间函数 YEAR，在打开的 YEAR 函数参数对话框中，输入如图 2-92 所示的参数，得到当前年份。

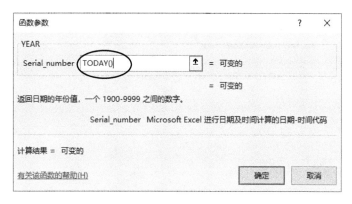

图 2-92　YEAR 函数参数对话框（1）

步骤 2：再在该公式后面减去如图 2-93 所示的计算所得的年份，按回车键（此时公式显示为"=YEAR（TODAY（））-YEAR（D3）"），再填充公式。

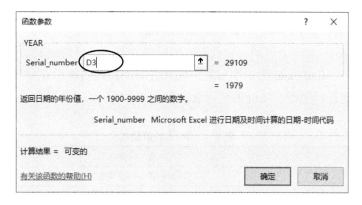

图 2-93　YEAR 函数参数对话框（2）

注：TODAY 函数可以换成函数 NOW。若此时单元格中出现的是日期，只需要把单元格格式设置为"数值"或"常规"即可。

5. 使用时间函数，对 Sheet1 工作表中职工的当前"工龄"列进行计算。要求：使用当前日期，结合职工的参加工作时间，计算职工的工龄，并将计算结果保存在"工龄"列当中。计算方法为两个日期之差。要求：工龄必须是满整年，例如，今天是 2021.9.1，参加工作时间为 2000.9.2，则工龄为 20 年。

操作方法：单击 Sheet1 工作表中的 I3 单元格，输入日期函数 DATEDIF，在打开的 DATEDIF 函数参数对话框中，输入如图 2-94 所示的参数。单击"确定"按钮。双击 I3 单元格的填充柄填充该列的数据。

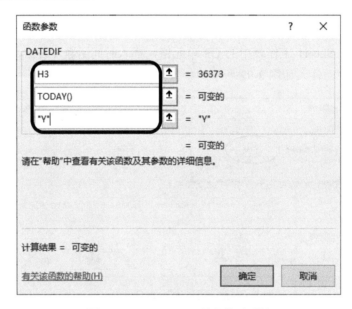

图 2-94 DATEDIF 函数参数对话框

说明：DATEDIF 是一个隐藏函数，只能输入而不能插入该函数，其功能为返回两个日期之间间隔的年数、月数、天数。

语法格式：DATEDIF（Start_date, End_date, Unit）

参数：Start_date 为一个日期，它代表时间段内的第一个日期或起始日期（起始日期必须在 1900 年之后）；End_date 为一个日期，它代表时间段内的最后一个日期或结束日期；Unit 为所需信息的返回类型。Unit 的值及含义如表 2-1 所示。

表 2-1 Unit 的值及含义

值	含　义
"Y"	时间段中的整年数
"M"	时间段中的整月数

续表

值	含　义
"D"	时间段中的天数
"MD"	起始日期与结束日期的同月间隔天数。忽略日期中的月份和年份
"YD"	起始日期与结束日期的同年间隔天数。忽略日期中的年份
"YM"	起始日期与结束日期的同年间隔月数。忽略日期中年份

6. 假设目前的法定退休年龄规定男性职工为 60 岁、女性职工为 55 岁，对 Sheet1 工作表中职工的退休日期进行计算。身份证号码倒数第二位为奇数的为"男"，为偶数的为"女"。

操作方法：单击 Sheet1 工作表中的 J3 单元格，插入 IF 函数，打开 IF 函数参数对话框，输入如图 2-95 所示的参数，此时对应的公式为"=IF(MOD(MID(C3, 17, 1), 2)=1, EDATE(D3, 60*12), EDATE(D3, 55*12))"，单击"确定"按钮。双击 J3 单元格的填充柄填充该列的数据。

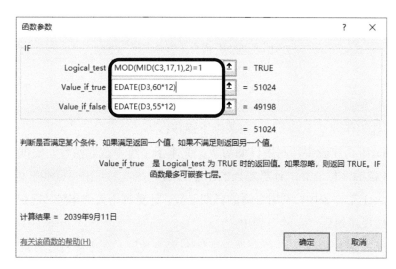

图 2-95　IF 函数参数对话框

7. 在 Sheet2 工作表中，使用时间函数计算汽车在停车库中的停放时间。要求：

➢ 计算方法为"停放时间＝出库时间－入库时间"。

➢ 格式为"小时：分钟：秒"。

➢ 将结果保存在"停车情况记录表"的"停放时间"列中。

➢ 例如：一小时十五分十二秒在停放时间中的表示为"1：15：12"。

操作方法：单击 F9 单元格，输入公式"=E9-D9"，按回车键确认。双击 F9 单元格的填充柄。

8. 使用函数公式，对"停车情况记录表"中的停车付费时间进行计算。

➢ 停车按小时收费，对于不满一个小时的按照一个小时计费。

➢ 对于超过整点小时数十五分钟（包含十五分钟）的，多累计一个小时。

➢ 例如，1 小时 23 分，将以 2 小时计费。

操作步骤如下。

步骤 1：根据题意，分析 IF 嵌套函数，画出其流程图如图 2-96 所示。

步骤 2：根据以上分析，在 G9 单元格中输入公式"=IF(HOUR(F9)=0, 1, IF(MINUTE (F9)>=15, HOUR(F9)+1, HOUR(F9)))"，按回车键确认，双击 G9 单元格的填充柄填充该列的数据。

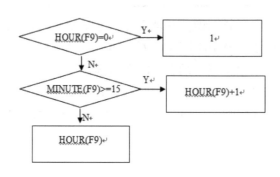

图 2-96 IF 嵌套函数流程图

三、作业

1. 打开文件"作业 9_1.xlsx"，完成以下操作：

（1）在 Sheet1 工作表中，利用日期函数、文本子字符串截取函数，根据身份证号码中第 7 位到第 14 位的 8 位信息，计算每人的出生日期，并填入"出生日期"列。

（2）在 Sheet1 工作表中，利用合适的日期函数，计算每个人的年龄（现在的年份减去出生年份），将结果填写到"年龄"列中。

（3）请补充完整 Sheet1 工作表中"性别"一列的数据。其中身份证号码倒数第 2 位为偶数的，表示女性，填写"女"；倒数第 2 位为奇数的，表示男性，填写"男"。

（4）完善"是否为闰年出生"这列数据，利用逻辑函数，判断出生年份是否为闰年，若是则填"闰年"，若不是则填"平年"。

闰年成立的条件是：年份能被 4 整除，但是不能被 100 整除；或者能被 400 整除。

（5）Sheet1 工作表中，J23 单元格中显示的是实发工资的和（用红色数字表示），通过文本函数将实发工资总和转换成大写形式，并保存在 J32 单元格中（黄色背景单元格）。为了保证身份证号输入时不重复，请对"身份证号"列的数据有效性做出限制。

2. 打开文件"作业 9_2.xlsx"，完成以下操作。

题意说明：某大型收费停车场规划调整收费标准，拟从原来"不足 15 分钟的按 15 分钟收费"调整为"不足 15 分钟的部分不收费"的收费政策。市场部抽取了 5 月 26 日至 6 月 1 日的停车收费记录进行数据分析，以期掌握该项政策调整后营业额的变化情况。

（1）在"停车收费记录"表中，涉及金额的单元格的格式均设置为保留 2 位的数值类型。

（2）参考"收费标准"表，利用公式将收费标准对应的金额填入"停车收费记录"表中的"收费标准"列。

（3）利用"停车收费记录"表中出场日期、时间与进场日期、时间的关系，计算停放时间并填入"停放时间"列，单元格格式为时间类型的"XX 时 XX 分"。

提示：选中 J 列单元格，然后切换至"开始"选项卡，单击"数字"组中的对话框启动器按钮，打开"设置单元格格式"对话框。"分类"设为"时间"，将"时间"类型设置为"[h]"小时"mm"分钟""，单击"确定"按钮，在 J2 单元格中输入公式"=H2+I2-F2-G2"，双击填充柄。

（4）依据停放时间和收费标准，计算当前收费金额并填入"收费金额"列；计算拟采用的收费政策的预计收费金额并填入"拟收费金额"列；计算拟调整后的收费与当前收费之间的差值并填入"收费差值"列。

提示：

步骤 1：计算收费金额，在 K2 单元格中输入公式"=ROUNDUP((HOUR(J2)*60+MINUTE(J2))/15,0)*E2"，并向下自动填充单元格。

步骤 2：计算拟收费金额，在 L2 单元格中输入公式"=INT((HOUR(J2)*60+MINUTE(J2))/15)*E2"或"=ROUNDDOWN((HOUR(J2)*60+MINUTE(J2))/15,0)*E2"，并向下自动填充单元格。

步骤 3：计算差值，在 M2 单元格中输入公式"=K2-L2"，并向下自动填充单元格。

函数说明：

（1）ROUNDUP 函数表示。向上舍入数字，跟四舍五入不一样，它不管舍去的首位数字是否大于 4，都向前进 1。参数 Number 表示用来向上舍入的数字。参数 Num_digits 表示舍入后的数字的小数位数（即保留几位小数），Num_digits 大于 0 时，表示向上舍入到指定的小数位。

（2）ROUNDDOWN 函数表示。向下舍入数字，跟四舍五入不一样，它不管舍去的首位数字是否大于 0，全部舍去。参数 Number 表示用来向下舍入的数字。参数 Num_digits 表示舍入后的数字的小数位数（即保留几位小数），Num_digits 大于 0 时，则表示向下舍入到指定的小数位。

5. 将"停车收费记录"表中的内容套用表格格式"表样式中等深浅 12"，并添加汇总行，最后三列"收费金额""拟收费金额""收费差值"汇总值均采用求和运算。

6. 在"收费金额"列中，将单次停车收费达到 100 元的单元格突出显示为黄底红字格式。

任务 2.10　财务函数、信息函数

一、实验目的

（1）掌握常用财务函数的使用，包括 SLN、FV、PV、PMT、IPMT 等函数。

（2）掌握常用信息函数的使用，包括 N、ISTEXT、ISNUMBER、ISBLANK、ISEVEN、ISODD 等函数。

二、实验内容及操作步骤

以下任务都在文件"任务 10.xlsx"中完成。

1. 我国交通法规定，营运出租车强制报废年限为 8 年，现某出租车公司购入一批新出租车，每辆出租车的价格为 100000 元，报废时国家以每辆 2000 元回收，则每年的折旧额是多少？每月的折旧额是多少？每天的折旧额是多少？这样公司就知道每辆出租车每天至少挣多少钱才能持平每天的折旧成本。

计算每年折旧额操作方法：选中"折旧"工作表中的 B9 单元格，单击编辑栏上的"插入函数"按钮，打开"插入函数"对话框并选择 SLN 函数，单击"确定"按钮。打开 SLN 函数参数对话框，并在相应的文本框中输入如图 2-97 所示的参数。单击"确定"按钮。

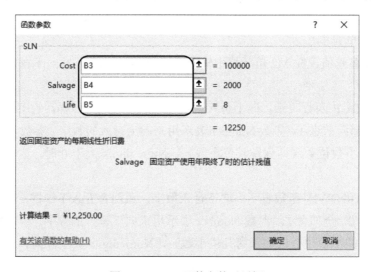

图 2-97　SLN 函数参数对话框

每月、每天折旧额计算方法与每年折旧额计算机方法相同，只是 Life 参数分别为"B5*12"和"B5*365"。

练习题：求出"折旧 2"表中的"至上月止累计折旧额"。

2. 某人在大学一年级的职业规划课上做了一份简单的职业规划，打算大学毕业后先找一份工作积累经验，毕业工作 5 年后自主创业。现在将父母给他的 5000 元以年利率 3.5%，按月计息存入银行，并在以后通过兼职将每月收入中的 300 元存入银行，到他自主创业时存款额有多少？

操作方法：选中"投资"工作表的 C7 单元格，单击编辑栏上的"插入函数"按钮，打开"插入函数"对话框并选择 FV 函数，单击"确定"按钮。打开 FV 函数参数对话框，并在相应的文本框中输入如图 2-98 所示的参数。单击"确定"按钮。

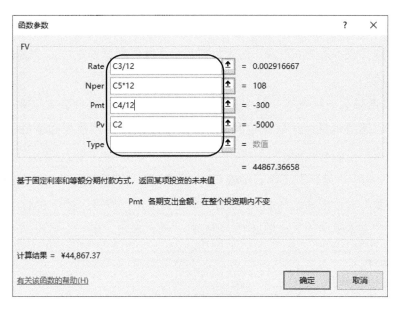

图 2-98　FV 函数参数对话框

3. 某人进行一项投资,每年投入 1 500 000 元,假定投资回报为年利率 6%,连续投资 5 年,那他在 5 年后总共可以得到多少?

操作方法:选中"投资"工作表的 F7 单元格,单击编辑栏上的"插入函数"按钮,打开"插入函数"对话框并选择 PV 函数,单击"确定"按钮。打开 PV 函数参数对话框,并在相应的文本框中输入如图 2-99 所示的参数。单击"确定"按钮。

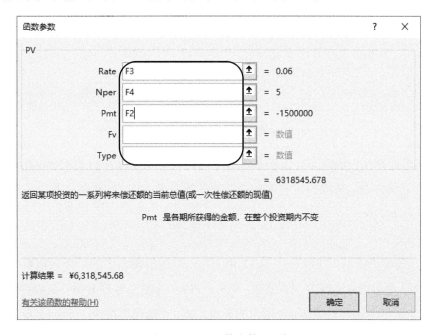

图 2-99　PV 函数参数对话框

练习题：一个保险推销员向某人推荐一项养老保险，该保险在今后 25 年内于月末可以取得 500 元，购买成本为 75000 元，假定目前银行存款年利率为 6.7%。你帮他算一算能不能购买这项保险？

4. 张三最近想买一辆汽车，但手头现钱不够，决定先向银行贷款 150 000 元，年利率为 7%，一年还清本息，采取固定利率分期等额还款方式，他想知道每个月的还款额是多少？

操作方法：选中"借贷"工作表中的 C8 单元格，单击编辑栏上的"插入函数"按钮，打开"插入函数"对话框并选择 PMT 函数，单击"确定"按钮。打开 PMT 函数参数对话框，并在相应的文本框中输入如图 2-100 所示的参数。单击"确定"按钮。

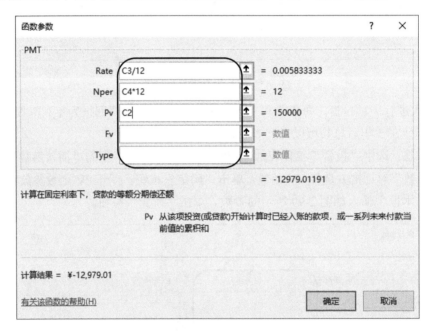

图 2-100　PMT 函数参数对话框

5. 张三最近想买一辆汽车，但手头现钱不够，决定先向银行贷款 150 000 元，年利率为 7%，一年还清本息，采取固定利率分期等额还款方式，他想知道每个月的还款额中的利息和本金分别是多少？

操作步骤如下。

步骤 1：选中"借贷"工作表中的 F3 单元格，单击编辑栏上的"插入函数"按钮，打开"插入函数"对话框并选择 IPMT 函数，单击"确定"按钮。打开 IPMT 函数参数对话框，并在相应的文本框中输入如图 2-101 所示的参数。单击"确定"按钮。双击 F3 单元格的填充柄即可。

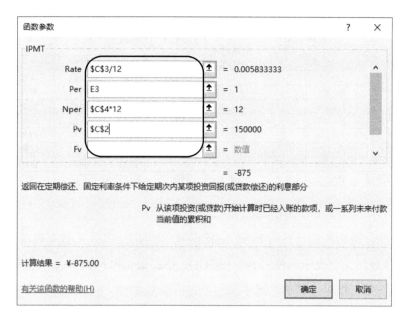

图 2-101　IPMT 函数参数对话框

步骤 2：在 G3 单元格中输入公式"=$C$8-F3"，按回车键确认，双击 G3 单元格的填充柄即可。

6. 某公司对每个员工上班都要签到(打 √)并打卡记录上班时间，某周五该公司员工早上考勤情况如"任务 10.xlsx"中的"考勤表"所示。现公司主管对公司员工的缺勤情况进行统计处理，若员工已签到则填写"到岗"，否则填写"缺勤"。

操作方法：选中"考勤表"工作表中的 E4 单元格，单击编辑栏上的"插入函数"按钮，打开"插入函数"对话框并选择 IF 函数，单击"确定"按钮。打开 IF 函数参数对话框，并在相应的文本框中输入如图 2-102 所示的参数。单击"确定"按钮。双击 E4 单元格的填充柄即可，得到如图 2-103 所示的结果。

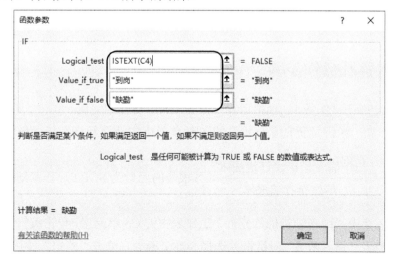

图 2-102　ISTEXT 函数参数对话框

某公司员工周五早上上班考勤记录表							
使用函数				ISTEXT	ISNUMBER	ISBLANK	N
员工姓名	员工代码	签到	上班打卡时间	是否签到	是否签到	是否签到	是否签到
毛莉	PA13			缺勤	缺勤	缺勤	缺勤
杨青	PA125	√	8:04:26	到岗	到岗	到岗	到岗
陈小鹰	PA128	√	8:07:25	到岗	到岗	到岗	到岗
陆东兵	PA212			缺勤	缺勤	缺勤	缺勤
闻亚东	PA216	√	8:09:15	到岗	到岗	到岗	到岗
曹吉武	PA313			缺勤	缺勤	缺勤	缺勤
彭晓玲	PA325	√	8:01:50	到岗	到岗	到岗	到岗
傅珊珊	PA326	√	8:00:38	到岗	到岗	到岗	到岗

图 2-103 考勤结果图

同样的方法，请读者自行使用 ISBLANK 函数、ISNUMBER 函数完成考勤统计。

7. 在"性别"工作表中，使用 IF、ISODD、ISEVEN 和 MID 函数，根据 B 列中的身份证号码判断性别，结果为"男"或"女"，存放在 C 列中。身份证号倒数第二位数为奇数的为"男"，偶数的则为"女"。

操作方法：在 C2 单元格中输入公式"=IF(ISODD(MID(B2,17,1)),"男","女")"，按回车键确认，双击 C2 单元格的填充柄即可。也可输入公式"=IF(ISEVEN(MID(B2,17,1)),"女","男")"。

任务 2.11 Excel 模拟运算、合并计算

一、实验目的

（1）掌握模拟运算的方法。

（2）掌握方案的创建与管理。

（3）掌握合并计算的方法。

二、实验内容及操作步骤

以下操作全部在"任务 11_模拟运算、方案.xlsx"文件中完成。

1. 在工作表"经济订货批量分析"的 C5 单元格中计算经济订货批量的值，公式为

$$经济订货批量=\sqrt{\frac{2年需求量单次订货成本}{单位年存储成本}}$$（开根号的函数为 SQRT），计算结果保留整数。

操作方法：选中"经济订货批量分析"工作表中的 C5 单元格，单击编辑栏上的"插入函数"按钮，打开"插入函数"对话框并选择 SQRT 函数，单击"确定"按钮。打开 SQRT 函数参数对话框，并在相应的文本框中输入如图 2-104 所示的参数。单击"确定"按钮。

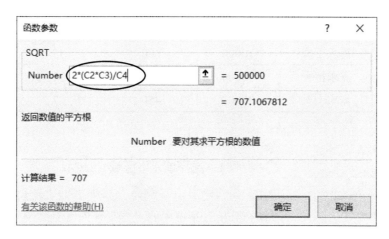

图 2-104　SQRT 函数参数对话框

2. 在工作表"经济订货批量分析"的单元格区域 B7:M27 中创建模拟运算表，模拟不同的年需求量和单位年储存成本所对应的不同经济订货批量，其中 C7:M7 为年需求量可能的变化值，B8:B27 为单位年储存成本可能的变化值，将模拟运算的结果保留整数。

操作步骤如下。

步骤 1：将 C5 单元格的公式复制到单元格 B7。

步骤 2：选择单元格区域 B7:M27。

步骤 3：单击"数据"选项卡的"预测"组中的"模拟分析"菜单中的"模拟运算表"命令（如图 2-105 所示）。打开"模拟运算表"对话框，并在相应的文本框中输入如图 2-106 所示的参数。单击"确定"按钮。

图 2-105　"模拟运算表"命令　　　图 2-106　"模拟运算表"对话框

步骤 3：将模拟运算的结果保留整数，由读者自行完成。

3. 对工作表"经济订货批量分析"的单元格区域 C8:M27 应用条件格式，将所有小于等于 750 且大于等于 650 的值所在单元格的底纹设置为红色，字体颜色设置为"白色，背景 1"。

操作由读者自行完成。

4. 在工作表"经济订货批量分析"中，将单元格区域 C2:C4 作为可变单元格，按照下表要求创建方案（最终显示的方案为"需求持平"）。

方案名称	单元格 C2	单元格 C3	单元格 C4
需求下降	10000	600	35
需求持平	15000	500	30
需求上升	20000	450	27

图 2-107　"方案管理器"命令

操作步骤如下。

步骤 1：选择单元格区域 C2∶C4。

步骤 2：单击"数据"选项卡的"数据工具"组中的"模拟分析"菜单中的"方案管理器"命令（如图 2-107 所示），打开"方案管理器"对话框（如图 2-108 所示）。

步骤 3：单击"方案管理器"对话框中的"添加"按钮，打开如图 2-109 所示的"添加方案"对话框。

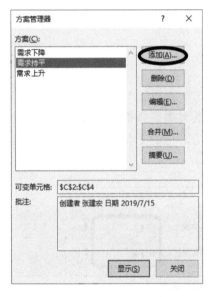

图 2-108　"方案管理器"对话框（1）

图 2-109　"添加方案"对话框

步骤 4：在"添加方案"对话框中输入方案名"需求下降"，单击"确定"按钮，打开如图 2-110 所示的"方案变量值"对话框并输入相应的参数，单击"确定"按钮完成一种方案设置。

步骤 5：重复步骤 3～4 完成"需求持平"方案和"需求上升"方案设置，结果如图 2-111 所示，选择"需求持平"方案，单击"显示"按钮后再单击"关闭"按钮。

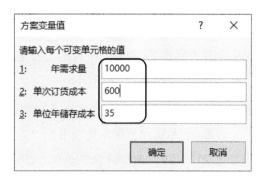

图 2-110　"方案变量值"对话框

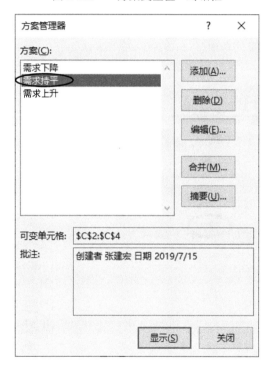

图 2-111　"方案管理器"对话框（2）

5. 在工作表"经济订货批量分析"中，为单元格区域 C2:C5 按照下表要求定义名称。

C2	年需求量
C3	单次订货成本
C4	单位年储存成本
C5	经济订货批量

操作由读者自行完成。

图 2-112 "方案管理器"命令（2）

6. 在工作表"经济订货批量分析"中，以 C5 单元格为结果单元格创建方案摘要，并将新生成的"方案摘要"工作表置于工作表"经济订货批量分析"的右侧。

操作步骤如下。

步骤 1：单击"数据"选项卡的"数据工具"组中的"模拟分析"菜单中的"方案管理器"命令（如图 2-112 所示），打开"方案管理器"对话框（如图 2-113 所示）。

步骤 2：单击"摘要"按钮，打开"方案摘要"对话框，并输入相应的参数（如图 2-114 所示），单击"确定"按钮。

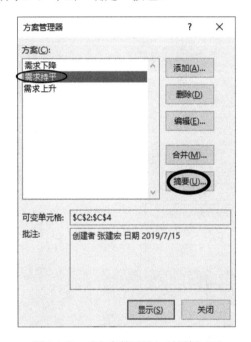

图 2-113 "方案管理器"对话框（3）

图 2-114 "方案摘要"对话框

以下操作全部在"任务 11_合并计算.xlsx"文件中完成。

1. 将工作表"第 1 周"A 列中的数据用"｜"分隔符将其分成两列，A 列中存放"名称"，B 列中存放"单价(元/斤)"，并适当调整 A、B 列的列宽，计算"本周销量合计（斤）"和"销售总额（元）"列中的值。

操作步骤如下。

步骤 1：插入空白列 B。

步骤 2：选择 A 列，单击"数据"选项卡的"数据工具"组中的"分列"命令，打开"文本分列向导-第 1 步，共 3 步"对话框（如图 2-115 所示），选择"分隔符号"，单击"下一步"按钮。

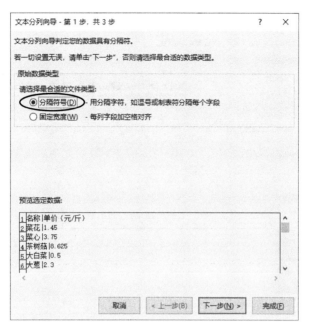

图 2-115　"文本分列向导-第 1 步，共 3 步"对话框

步骤 3：在"文本分列向导-第 2 步，共 3 步"对话框中（如图 2-116 所示），"分隔符号"选择"其他"并输入"|"，单击"下一步"按钮。

步骤 4：在"文本分列向导-第 3 步，共 3 步"对话框中（如图 2-117 所示），"列数据格式"选择"常规"，单击"完成"按钮。

步骤 5：适当调整 A、B 列的列宽，计算"本周销量合计（斤）"和"销售总额（元）"列中的值，由读者自行完成。

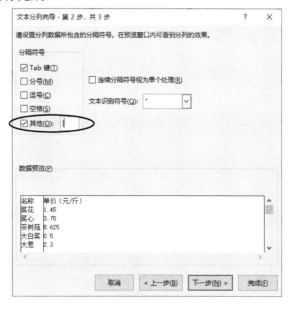

图 2-116　"文本分列向导-第 2 步，共 3 步"对话框

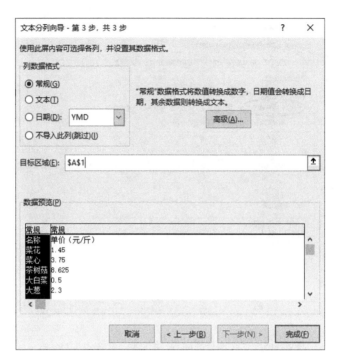

图 2-117   "文本分列向导-第 3 步，共 3 步"对话框

2. 将 4 个工作表的数据以求和的方式合并到新工作表"月销售合计"中，合并数据自工作表"月销售合计"的 A1 单元格开始填列。

操作步骤如下。

步骤 1：新建工作表，单击"数据"选项卡的"数据工具"组中的"合并计算"命令，打开"合并计算"对话框（如图 2-118 所示）。

图 2-118   "合并计算"对话框

步骤 2：在"引用位置"栏中选择工作表"第 1 周"中的数据区域，单击"添加"按钮，重复上述步骤操作直到将 4 个工作表全部添加，如图 2-120 所示，勾选"首行"和"最左列"复选框，单击"确定"按钮。

图 2-119　"合并计算"对话框添加引用数据

任务 2.12　Excel 数据分析与管理

一、实验目的

（1）掌握图表的操作，包括制作图表、迷你图。

（2）掌握排序的方法，包括排序、自定义排序。

（3）掌握分类汇总的方法。

（4）掌握筛选操作，包括自动筛选、高级筛选。

（5）掌握透视表与透视图的使用。

二、实验内容及操作步骤

以下操作全部在"任务 12_1.xlsx"文件中完成。

1. 在 Sheet1 工作表中，以工龄为第一关键字(降序)、以实发工资为第二关键字(降序)对数据进行排序。

操作方法如下。

在 Sheet1 工作表中，单击有数据的任意一个单元格，切换到"数据"选项卡，单击"排

办公软件高级应用实践教程

序和筛选"组中的"排序"按钮,打开"排序"对话框。设置"主要关键字"为"工龄","排序依据"为"单元格值"(注:排序依据也可以是单元格颜色、字体颜色和单元格图标),"次序"为"降序";单击"添加条件"按钮,设置"次要关键字"为"实发工资","排序依据"为"单元格值","次序"为"降序",如图 2-120 所示。单击"确定"按钮完成排序。单击快速访问工具栏中的"保存"按钮保存结果。

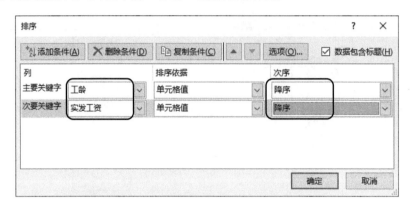

图 2-120　"排序"对话框参数设置

2. 在 Sheet1 工作表中,对车间采用自定义序列"一车间,二车间,三车间,四车间,五车间"次序排序。

操作步骤如下。

步骤 1:选择 Sheet1 工作表中的单元格区域 A2:R102,切换到"数据"选项卡,单击"排序和筛选"组中的"排序"按钮。在打开的"排序"对话框中,设置"主要关键字"为"车间","排序依据"为"单元格值","次序"为"自定义序列",如图 2-121 所示。

图 2-121　"排序"对话框设置

步骤 2:在打开的"自定义序列"对话框的"输入序列"中输入"一车间,二车间,三车间,四车间,五车间"序列,如图 2-122 所示,单击"确定"按钮返回到"排序"对话框,再单击"确定"按钮完成设置。

图 2-122　"自定义序列"对话框

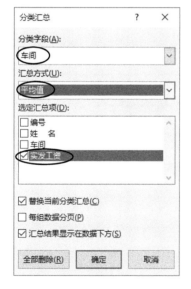

图 2-123　"分类汇总"对话框
参数设置

3. 在 Sheet1 工作表后插入新工作表 Sheet2，将 Sheet1 工作表的"编号""姓　名""车间""实发工资"4 列数据复制到 Sheet2 工作表中，对 Sheet2 工作表中的数据进行分类汇总，显示每个车间的平均实发工资，按"一车间，二车间，三车间，四车间，五车间"顺序显示数据，显示到第 2 级（即不显示具体的员工信息）。

操作步骤如下。

步骤 1：在 Sheet2 工作表中，单击"C"列任意一个有数据的单元格，切换到"开始"选项卡。单击"编辑"组中的"排序和筛选"按钮，对车间按"一车间，二车间，三车间，四车间，五车间"的顺序进行排序；单击任意一个有数据的单元格，切换到"数据"选项卡，单击"分级显示"组中的"分类汇总"按钮，在打开的"分类汇总"对话框中设置参数，如图 2-123 所示，单击"确定"按钮。

步骤 2：在屏幕左侧分级显示处单击"2"，如图 2-124 所示，"分类汇总"后的结果如图 2-125 所示。单击快速访问工具栏中的"保存"按钮保存结果。

图 2-124　显示到第 2 级　　　　　　　图 2-125　"分类汇总"后的结果

4. 对 Sheet2 工作表中的分类汇总数据，产生二维簇状柱形图。其中以"一车间""二车间"…为水平（分类）轴标签。"总销售量"为图例项，并要求添加对数趋势线。

操作步骤如下。

步骤 1：在 Sheet2 工作表中，单击数据区域的任意一个单元格，切换到"插入"选项卡，单击"图表"组中的对话框启动器按钮。在打开的"插入图表"对话框中，单击"所有图表"选项卡，选择"柱形图"，再选择"簇状柱形图"，如图 2-126 所示，生成图表（提示：此时同时打开了"图表工具-设计"选项卡、"图表工具-格式"选项卡）。

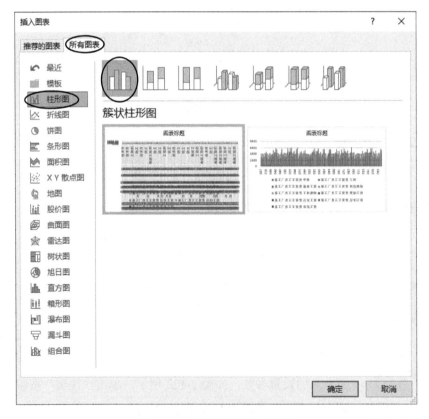

图 2-126　"插入图表"对话框

步骤 2：单击"图表工具—设计"选项卡的"图表布局"组中的"添加图表元素"命令下的"趋势线"下拉箭头（如图 2-127 所示），在弹出的下拉列表中选择"其他趋势线选项"命令（如图 2-128 所示），打开"设置趋势线格式"对话框。

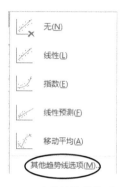

图 2-127 "添加图表元素"命令   图 2-128 "其他趋势线选项"命令

步骤 3：在"设置趋势线格式"对话框中，设置"趋势线选项"为"对数"，如图 2-129 所示。

图 2-129 "设置趋势线格式"对话框

步骤 4：单击"关闭"按钮，生成如图 2-130 所示的图表。

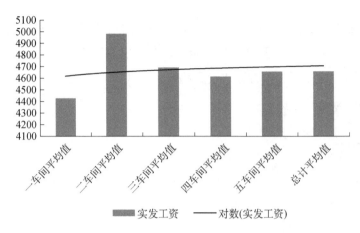

图 2-130　图表"车间平均工资"完成图

5. 在"迷你图"工作表的 H3:H8 单元格区域中，插入用于统计失业人口变化趋势的迷你折线图，各单元格中的"迷你图"的数据范围为所对应国家的 1 月到 6 月的失业人口数据，并为各迷你折线图标记失业人口的最高点和最低点。

操作步骤如下。

步骤 1：选择 B3:G8 单元格区域。在"插入"选项卡中，单击"迷你图"组中的"插入迷你图折线图"按钮，打开"创建迷你图"对话框。"数据范围"选择 B3:G8，如图 2-131 所示。

图 2-131　"创建迷你图"对话框

步骤 2：单击"确定"按钮，在"迷你图设计"选项卡的"显示"栏的"高点"和"低点"复选框中打上"√"，如图 2-132 所示，创建如图 2-133 所示的迷你折线图。

图 2-132　设置迷你图的高点、低点

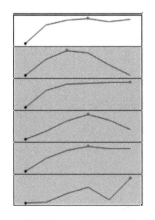

图 2-133　迷你折线图

6. 对 Sheet1 工作表启用筛选，筛选出姓"李"或姓"陈"的且基本工资大于等于 3100 的数据行。其中筛选出姓"李"或姓"陈"的，要求采用自定义筛选方式。

图 2-134　"筛选"按钮

操作步骤如下。

步骤 1：在 Sheet1 工作表中，单击任意一个有数据的单元格，切换到"数据"选项卡，单击"排序和筛选"组中的"筛选"按钮，如图 2-134 所示（此时各字段均出现了筛选下拉按钮）。

步骤 2：单击"姓名"列的筛选下拉按钮，在弹出的菜单中选择"文本筛选"下的"自定义筛选"（如图 2-135 所示），打开"自定义自动筛选方式"对话框（读者自行完成可以使用"开头是"命令实现筛选）。

图 2-135　对姓名选择"自定义筛选"

步骤 3：在"自定义自动筛选方式"对话框中，参数设置如图 2-136 所示。单击"确定"按钮。注：通配符*代表任意多(0 个，1 个，多个)个字符，？代表任意 1 个字符。

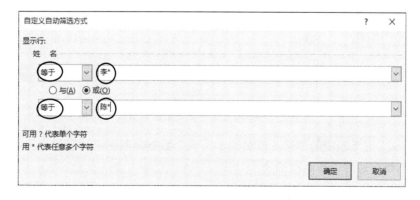

图 2-136　"自定义自动筛选方式"对话框参数设置

步骤 4：单击"基本工资"列的筛选下拉按钮，在弹出的菜单中选择"数字筛选"下的"大于或等于"（如图 2-137 所示），打开"自定义自动筛选方式"对话框。

图 2-137　"基本工资"列筛选

步骤 5：在"自定义自动筛选方式"对话框设置参数如图 2-138 所示。单击"确定"按钮。单击快速访问工具栏中的"保存"按钮保存结果。

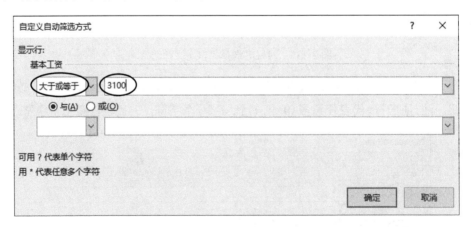

图 2-138　"自定义自动筛选方式"对话框参数设置（基本工资）

7. 将 Sheet1 工作表中的"某工厂员工工资表"数据复制到工作表"高级筛选"中，并对工作表"高级筛选"进行高级筛选。

（1）要求：

➢ 筛选条件为"一车间"或"五车间"的"高级工程师"或"实发工资"＞=5000。

➢ 将筛选结果保存在工作表"高级筛选"中。

（2）注意：

➢ 无须考虑是否删除或筛选条件自行完成。

➢ 复制过程中，将标题项"某工厂员工工资表"连同数据一同复制。

➢ 复制数据表后，粘贴时，数据表必须顶格放置。

➢ 复制过程中，保持数据一致。

操作步骤如下。

步骤 1：复制表格。粘贴表格时，要注意顶格放置。本题中，粘贴时，右击，在弹出的快捷菜单中选择"粘贴选项"中的第一项，如图 2-139 所示。单击"确定"按钮，则完整地复制了"工资表"（注意当某单元格出现 "########"时，表示单元格宽度不够，此时，可调整单元格的宽度以完整地看到单元格数据）。

步骤 2：建立高级筛选的条件区域。在数据区域的下方，根据题目要求建立条件区域，如图 2-140 所示（建议直接复制表格中的相关字段）。注意：同列的条件关系为逻辑"或"，同行的条件关系为逻辑"与"，不同行的条件关系为逻辑"或"。以下条件区域的条件为（（车间="一车间"OR 车间="五车间"）AND 技术员="高级工程师"）OR（实发工资>=5000）。

车间	技术员	实发工资
一车间	高级工程师	
五车间	高级工程师	
		>=5000

图 2-140　高级筛选的条件区域

步骤 3：单击数据区域中的任一单元格，然后切换功能区的"数据"选项卡，在"排序和筛选"组中单击"高级"按钮，打开"高级筛选"对话框。此时，"列表区域"的文本框中已自动填入所有数据区域。再把光标定位在"条件区域"文本框内，拖动鼠标选中条件区域（如图 2-141 所示），单击"确定"按钮完成设置。注意筛选出的数据特点。

8. 根据 Sheet1 工作表中的"某工厂员工工资表"，新建一个数据透视表，保存在新建工作表中。要求：

● 显示每个车间不同性别的平均工资。

● 行区域设置为"车间"。

● 列区域设置为"性别"。

● 数据区域设置为"平均实发工资"，保留 2 位小数。

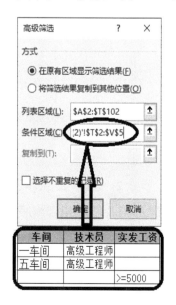

图 2-141　选择条件区域

操作步骤如下。

步骤 1：选择 Sheet1a 工作表数据区域的任一单元格，切换到功能区中的"插入"选项卡，在"表格"组中单击"数据透视表"下拉箭头（如图 2-142 所示），在弹出的菜单中选择"数据透视表"命令，打开"创建数据透视表"对话框。

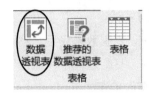

图 2-142　"数据透视表"命令

此时，在"选择一个表或区域"单选按钮下方的"表/区域"文本框中自动填入了表格的数据区域，如图 2-143 所示。

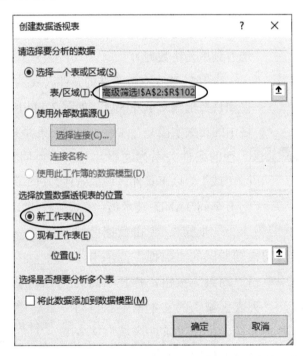

图 2-143　"创建数据透视表"对话框

步骤 2：选择"新工作表"单选按钮，单击"确定"按钮，进入数据透视表设计环境：从"选择要添加到报表的字段"列表框中，在"车间"字段上单击右键，选择"添加到行标签"命令，如图 2-144 所示。用同样的方法完成列区域和数据区域设置。注：也可以将"车间"直接拖到"行"标签，将"性别"直接拖到"列"标签，将"实发工资"直接拖到"值"标签。

步骤 3：单击"求和项：实发工资"，打开如图 2-145 所示的菜单，选择"值字段设置"命令，打开如图 2-146 所示的"值字段设置"对话框，"计算类型"选择"平均值"，也可自定义名称，例如，改为"平均实发工资"。

图 2-144　设置数据透视表字段列表

图 2-145　"值字段设置"命令

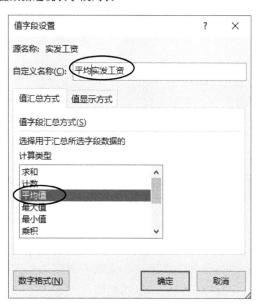

图 2-146　"值字段设置"对话框

步骤 4：单击"数字格式"按钮可以打开如图 2-147 所示的"设置单元格格式"对话框，完成数据格式设置，设置完成后单击"确定"按钮（行标签、列标签都可重新定义，如行标签改为"车间"，列标签改为"性别"），最后的效果图如图 2-148 所示。

图 2-147 "设置单元格格式"对话框

平均实发工资	性别		
车间	男	女	总计
一车间	4224.49	4528.93	4427.45
二车间	4947.71	5041.13	4982.74
三车间	4744.19	4630.06	4689.84
四车间	4277.04	4984.80	4614.07
五车间	4554.35	4749.52	4656.58
总计	4567.87	4745.98	4658.71

图 2-148 数据透视表效果图

数据透视图做法同数据透视表，这里就不再赘述了。

以下操作全部在"任务 12_2.xlsx"文件中完成。

1. 工作表"统计分析"为数据源，生成如表中数据右侧示例所示的图表，要求如下：

① 图表标题与数据上方第 1 行中的标题内容一致并可同步变化。

② 适当改变图表样式、图表中数据系列的格式、调整图例的位置。

③ 坐标轴设置应与示例相同。

④ 将图表以独立方式嵌入到新工作表"分析图表"中，令其不可移动。

操作步骤如下。

步骤 1：选择单元格区域 C4:E24 和 G4:G24。

步骤 2：单击"插入"选项卡，在"图表"组中单击"插入柱形图或条形图"下拉箭头，在弹出的菜单中选择"堆积柱形图"命令（如图 2-149 所示），插入如图 2-150 所示的堆积柱形图。

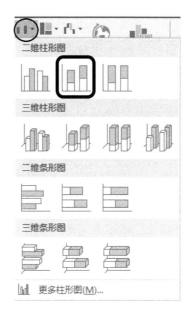

图 2-149　"堆积柱形图"命令

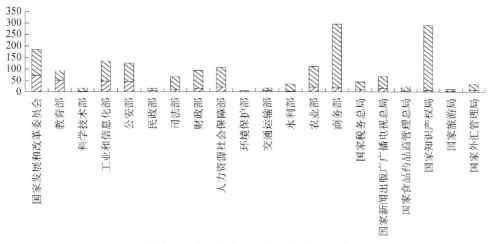

图 2-150　插入堆积柱形图

步骤 2：单击"图表工具—设计"选项卡下的"位置"组中的"移动图表"命令，打开"移动图表"对话框（如图 2-152 所示），选中"新工作表"，并输入"分析图表"，单击"确定"按钮（完成④前半题）。

图 2-151　"移动图表"对话框

步骤 3：单击"图表工具—设计"选项卡下的"图表布局"组中的"图表标题"菜单中的"图表上方"，在编辑栏中输入公式"=统计分析!$B$1"，并单击"输入"命令（完成①题）。

步骤 4：单击"图表工具—设计"选项卡下的"图表布局"组中的"图例"菜单中的"在顶部显示图例"。

步骤 5：选择数据系列中的"其中：女性所占比例"，单击右键，在弹出的菜单中选择"设置数据系列格式"命令，打开"设置数据系列格式"对话框。在"系列选项"中选择"次坐标轴"（如图 2-152 所示）。单击"关闭"按钮。

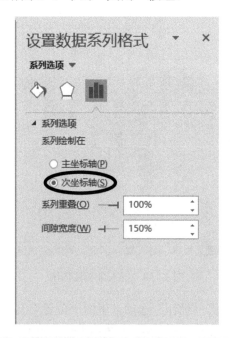

图 2-152　"设置数据系列格式"对话框（1）

步骤6：单击"图表工具—设计"选项卡下的"类型"组中的"更改图表类型"命令，打开"更改图表类型"对话框（如图 2-153 所示），在"其中：女性所占的比例"栏中选择"带数据标记的折线图"，单击"确定"按钮。

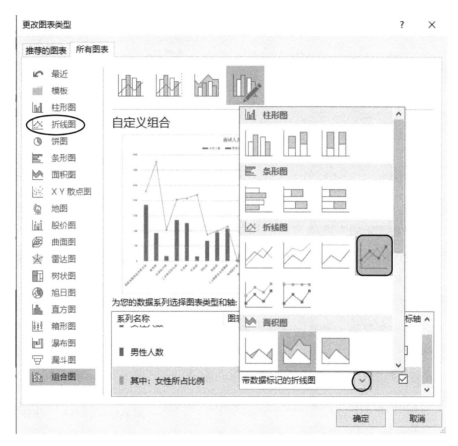

图 2-153　"更改图表类型"对话框

步骤7：选择图表中的折线图，单击右键，在弹出的菜单中选择"设置数据系列格式"命令，打开"设置数据系列格式"对话框，完成如图 2-154 所示的参数设置。同样的方法完成：数据标记填充（纯色-"深红"）、线条颜色（实线-"绿色"）、线型（宽度-"2.25 磅"）、三维格式（顶端-"圆"）等设置，单击"关闭"按钮（完成②题）。

步骤8：选择图表中的主坐标轴，单击右键，在弹出的菜单中选择"设置坐标轴格式"命令，打开"设置坐标轴格式"对话框。在"坐标轴选项"中完成如图 2-155 所示的参数设置；同样的方法完成次坐标轴设置，单击"关闭"按钮（完成③题）。

图 2-154 "设置数据系列格式"对话框（2） 图 2-155 "设置坐标轴格式"对话框

步骤 9：单击"审阅"选项卡下"更改"组中的"保护工作表"命令，打开"保护工作表"对话框（如图 2-156 所示），单击"确定"按钮（完成④题）。

2. 对工作表"主要城市降水量"中的数据，按照如下要求统计每个城市各月降水量及在全年中的比重，并为其创建单独报告，报告的标题和结构等完成效果可参考考生文件夹下的图片"城市报告.png"。

① 每个城市的数据位于一张独立的工作表中，工作表标签名为城市名称，如"北京市"。

图 2-156 "保护工作表"对话框

② 如参考图片"城市报告.png"所示，各月份降水量数据位于单元格区域 A3：C16 中，A 列中的月份按照 1～12 月顺序排列，B 列中为对应城市和月份的降水量，C 列为该月降水量占该城市全年降水量的比重。

③ 不限制计算方法，可使用中间表格辅助计算，中间表格可保留在最终完成的文档中。

操作步骤如下。

步骤 1：在"主要城市降水量"表的数据区域中选择任一个单元格。

步骤 2：按下 Alt+D+P 组合键（若已经将"数据透视表和数据透视图向导"命令添加到自定义选项卡，则可以直接选择该命令），打开"数据透视表和数据透视图向导-步骤 1（共 3 步）"对话框，选择"多重合并计算数据区域"（如图 2-157 所示）。

图 2-157　"数据透视表和数据透视图向导-步骤 1（共 3 步）"对话框

步骤 2：单击"下一步"按钮，打开"数据透视表和数据透视图向导-步骤 2a（共 3 步）"对话框，选择"创建单页字段"（如图 2-158 所示）。

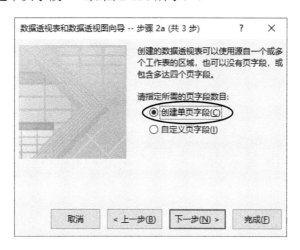

图 2-158　"数据透视表和数据透视图向导-步骤 2a（共 3 步）"对话框

步骤 3：单击"下一步"按钮，打开"数据透视表和数据透视图向导-第 2b 步（共 3 步）"对话框，选择数据区域（如图 2-159 所示），单击"完成"按钮。

图 2-159　数据透视表和数据透视图向导-第 2b 步对话框

步骤 4：在插入的"数据透视表"中的"数据透视表字段"列表中，取消勾选"页 1"，将"行"添加到"筛选"标签，将"列"添加到"行"标签，将"值"添加到"值"标签。如图 2-160 所示分别为设置前后的"数据透视表字段列表"。

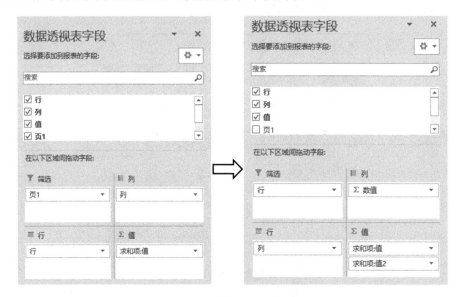

图 2-160　数据透视表字段列表

步骤 5：单击"数据透视表字段"对话框中" 求和项:值 ▼ "，在弹出的菜单中选择"值字段设置"命令（如图 2-161 中左图所示），打开"值字段设置"对话框。在"自定义名称"文本框中输入"各月降水量"，"计算类型"选择"求和"（如图 2-162 中右图所示），单击"确定"按钮。

图 2-161 "值字段设置"对话框（1）

步骤 6：单击"数据透视表字段"对话框中"求和项:值2 ▼"，在弹出的菜单中选择"值字段设置"命令（如图 2-161 中左图所示），打开"值字段设置"对话框。在"自定义名称"文本框中输入"全年占比"，"值显示方式"选择"列汇总的百分比"（如图 2-162 所示），单击"确定"按钮。

图 2-162 "值字段设置"对话框（2）

步骤 6：单击"行"标签边上的 ▼，打开"排序/筛选"菜单，单击"升序"命令，如图 2-163 所示（先要完成：文件→选项→高级→编辑自定义列表中定义序列"1 月，2 月，3 月，…12 月"），单击"确定"按钮。

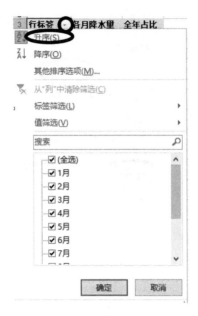

图 2-163　排序/筛选

步骤 7：单击"数据透视表工具—分析"选项卡下的"数据透视表"组中的"选项"菜单中的"显示报表筛选页"命令（如图 2-164 中左图所示），打开"显示报表筛选页"对话框（如图 2-164 中右图所示），选择"行"，单击"确定"按钮。

图 2-164　显示报表筛选页对话框

三、作业

作业在"作业 12.xlsx"文件中完成。

1. 使用数组公式，对 Sheet1 工作表中"教材订购情况表"的订购金额进行计算。

*将结果保存在该表的"金额"列当中。

*计算方法：金额＝订数×单价。

2. 使用统计函数，对 Sheet1 工作表中"教材订购情况表"的结果按以下条件进行统计，并将结果保存在 Sheet1 工作表中的相应位置。要求：

*统计出版社名称为"高等教育出版社"的书的种类数，并将结果保存在 Sheet1 工作表的 L2 单元格中。

*统计订购数量大于 110 且小于 850 的书的种类数，并将结果保存在 Sheet1 工作表的 L3 单元格中。

3. 使用函数，计算每个用户所订购图书所需支付的金额总数，并将结果保存在 Sheet1 工作表的"用户支付情况表"的"支付金额"列中。

4. 将 Sheet1 工作表中的数据复制到 Sheet2 工作表，对 Sheet2 工作表中的数据进行分类汇总，求出各出版社订购金额之和，要求按"高等教育出版社，科学出版社，上海外语教育出版社，清华大学出版社，中国人民大学出版社，浙江科学技术出版社，电子工业出版社"顺序显示信息。

5. 在 Sheet2 工作表中，针对分类汇总的结果创建二维簇状柱形，其中水平簇标签为出版社，订购金额为图例项，将图表放置在表格下方的 A61:D77 区域中。

6. 将 Sheet1 工作表中的"教材订购情况表"复制到 Sheet3 工作表，并对 Sheet3 工作表进行高级筛选。

（1）要求：

*筛选条件为"订数>=500，且金额总数<=30000"。

*将结果保存在 Sheet3 工作表中。

（2）注意：

*无须考虑是否删除或移动筛选条件。

*复制过程中，将标题项"教材订购情况表"连同数据一同复制。

*数据表必须顶格放置。

*复制过程中，数据保持一致。

7. 根据 Sheet1 工作表中"教材订购情况表"的结果，在 Sheet4 工作表中新建一张数据透视表。要求：

*显示每个客户在每个出版社所订的教材数目。

*行区域设置为"出版社"。

*列区域设置为"客户"。

*求和项为订数。

*数据区域设置为"订数"。

8. 根据 Sheet1 工作表中"教材订购情况表"的结果，在 Sheet5 工作表中新建一张数据透视图。要求：

*显示每个出版社所订的教材数目。

*x（轴字段）坐标设置为"出版社"。

*求和项为订数。

模块 3　PowerPoint 高级应用实验

任务 3.1　幻灯片编辑

一、实验目的

（1）掌握文本、段落的格式化设置，包括字符格式化、段落格式化，项目符号的添加、修改、删除及升降级。

（2）掌握演示文稿的编辑，包括演示文稿文字或幻灯片的插入、修改、删除、选定、移动、复制、查找、替换、隐藏，页面设置。

（3）掌握主题的使用。

（4）掌握图文的处理方法，包括在幻灯片中使用文本框、图形、图表、表格、图片、艺术字、SmartArt 图形等，添加特殊效果，当前演示文稿中超链接的创建与编辑。

（5）掌握母版的使用，包括标题母版、幻灯片母版的编辑与使用（母版字体设置、日期区设置、页码区设置）。

二、实验内容及操作步骤

以下操作在"任务 1.pptx"中完成。

1. 文本、段落的编辑

问题描述 1：将第 1 张幻灯片的主标题文本"如何建立卓越的价值观"的字体设置为"隶书"，字号设置为 50 号。

操作方法：单击第 1 张幻灯片，选中标题文字"如何建立卓越的价值观"，切换到功能区的"开始"选项卡，在"字体"组中，设置字体为"隶书"，字号为"50"，按下 Enter 键，如图 3-1 所示。

问题描述 2：将"价值观的作用"所在幻灯片的文本区中的内容设置行距为 1.2 行。

操作方法：单击"价值观的作用"所在幻灯片，选中文本区所有内容，切换到功能区的"开始"选项卡，单击"段落"组中的"行距"按钮，选择"行距选项"命令，如图 3-2 所示。打开"段落"对话框。设置"行距"为"多倍行距"，"设置值"为"1.2"，单击"确定"按钮，如图 3-3 所示。

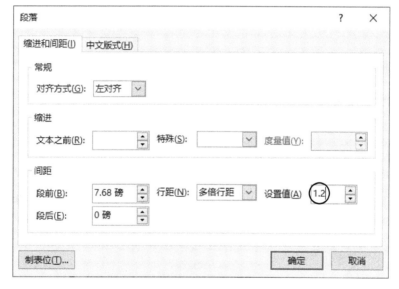

图 3-1　设置字体与字号　　　　　图 3-2　"行距选项"命令

图 3-3　"段落"对话框

问题描述 3：将"价值观的作用"所在幻灯片中的"价值观是信念的一部分，且是信念的核心"提高到下一个较低的标题级别。

操作方法：先单击"价值观的作用"所在幻灯片，将光标定位到"价值观是信念的一部分，且是信念的核心"前，然后提高列表级别。

问题描述 4：将第 6 张幻灯片中文本框内的一级文本项目符号改为 ➢。

操作方法：选择第 6 张幻灯片中文本框内的一级文本，切换到功能区的"开始"选项卡，单击"段落"组中的"项目符号"按钮，选择"箭头项目符号"即可，如图 3-4 所示。注：选择"无"则会删除项目符号。

2. 演示文稿的编辑

问题描述 1：在幻灯片的最后添加一张"空白"版式的幻灯片。

操作方法：选中最后一张幻灯片，切换到功能区的"开始"选项卡，单击"幻灯片"组中的"新建幻灯片"下拉箭头，在弹出的下拉列表中选择"空白"，如图 3-5 所示。

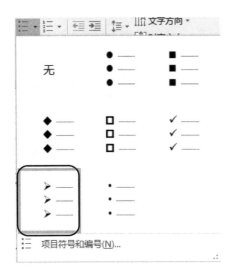

图 3-4　修改、添加和删除项目符号　　　　图 3-5　插入"空白"版式幻灯片

问题描述 2：将第 1 张幻灯片的版式设置为"标题幻灯片"，将主标题内容改为"办公软件高级应用实验"，添加副标题内容为"PowerPoint 高级应用实验"。

操作方法：选中第 1 张幻灯片，右击，打开如图 3-6 所示的快捷菜单，选择"版式"，出现"Office 主题"对话框，单击"标题幻灯片"；在主、副标题定位符中输入相应内容。

图 3-6　修改幻灯片版式

问题描述 3：将整个幻灯片的宽度设置为 28.8 厘米。

操作方法：切换到功能区的"设计"选项卡，单击"页面设置"组中的"页面设置"按钮，如图 3-7 所示，打开"页面设置"对话框。将整个幻灯片的"宽度"设置为 28.8 厘米，单击"确定"按钮，如图 3-8 所示。

图 3-7　"页面设置"按钮

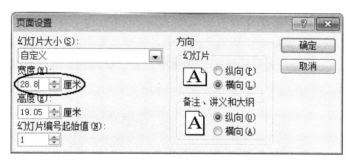

图 3-8　幻灯片宽度设置

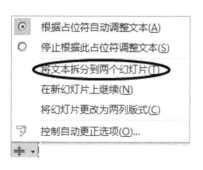

图 3-9　"将文本拆分到两个幻灯片"命令

问题描述 4：由于第 5 张幻灯片中的内容较多，将第 5 张幻灯片中的内容区域文字自动拆分为 2 张幻灯片进行展示。

操作方法：单击第 5 张幻灯片文本区中任意位置，再单击文本框左下角出现的自动调整选项，在出现的如图 3-9 所示的快捷菜单中选择"将文本拆分到两个幻灯片"命令即可。

问题描述 5：将演示文稿分为 2 节，其中"目录"节中包含第 1 张和第 2 张幻灯片，剩余幻灯片为"内容"节。

操作方法：在界面左侧的大纲窗格中，在第 2 张幻灯片后单击鼠标右键，在弹出的如图 3-10 所示快捷菜单中选择"新增节"命令。在节符号上单击鼠标右键，在弹出的如图 3-11 所示快捷菜单中选择"重命名节"命令，打开如图 3-12 所示的"重命名节"对话框。将节名称设置为"目录"，单击"重命名"按钮即可。

办公软件高级应用实践教程

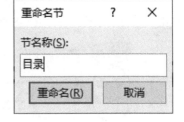

图 3-10 "新增节"命令　　图 3-11 "重命名节"命令　　图 3-12 "重命名节"对话框

3. 页眉页脚

问题描述 1：在所有幻灯片中插入幻灯片编号。

操作方法：切换到功能区的"插入"选项卡，单击"文本"组中的"页眉和页脚"按钮（如图 3-13 所示），打开"页眉和页脚"对话框。在"幻灯片"选项卡中选中"幻灯片编号"复选框，单击"全部应用"按钮，如图 3-14 所示。

图 3-13 "页眉和页脚"按钮

图 3-14 插入幻灯片编号

问题描述 2：给幻灯片插入日期（自动更新，格式为×年×月×日）。

操作方法：同插入幻灯片编号操作，只是在"页眉和页脚"对话框中要选中"日期和时间"复选框，再单击"自动更新"单选按钮，然后单击"全部应用"按钮，设置日期格式为"2020/9/21"，如图 3-15 所示。

图 3-15　自动更新日期

问题描述 3：设置页脚，使除标题版式幻灯片外，所有幻灯片的页脚文字为"大学生与价值观"（不包括引号）。

操作方法：切换到功能区的"插入"选项卡，单击"文本"组中的"页眉和页脚"按钮，打开"页眉和页脚"对话框。在"幻灯片"选项卡中，选中"页脚"复选框并输入"大学生与价值观"，选中复选框"标题幻灯片中不显示"，单击"全部应用"按钮，如图 3-16 所示。

图 3-16　页脚设置

4. 图、图表、表格操作

问题描述 1：将 "PPT 实验素材" 文件夹下的图片文件 "任务 1.PNG" 插入到第 4 张幻灯片合适的位置。

操作方法：切换到功能区的 "插入" 选项卡，单击 "文本" 组中的 "图片" 按钮，打开 "插入图片" 对话框。找到目标文件夹 "PPT"，选中 "任务 1.PNG"，单击 "插入" 按钮，如图 3-17 所示。

图 3-17 "插入图片" 对话框

问题描述 2：使用 PowerPoint 创建一个电子相册，并包含 "PPT\相册照片" 文件夹下的所有摄影作品。在每张幻灯片中包含 4 张图片，并将每幅图片设置为 "居中矩形阴影" 相框形状。以 "相册.pptx" 为名保存演示文稿。

操作方法：切换到功能区的 "插入" 选项卡，单击 "图像" 组中的 "相册" 按钮，选择 "新建相册" 命令，打开如图 3-18 所示 "相册" 对话框。单击 "文件/磁盘" 按钮，打开如图 3-19 所示 "插入新图片" 对话框。找到目标文件夹 "相册照片"，选中所有图片，单击 "插入" 按钮。返回到如图 3-20 所示 "相册" 对话框，将 "图片版式" 设置为 "4 张图片"，"相框形状" 设置为 "居中矩形阴影"，再单击 "创建" 按钮，此时新建了一个未命名的演示文稿，以 "相册.pptx" 为名保存。

问题描述 3：在演示文稿的最后插入 "内容与标题" 幻灯片，在幻灯片内容区中插入一个标准折线图，并按如图 3-21 所示调整图表内容。

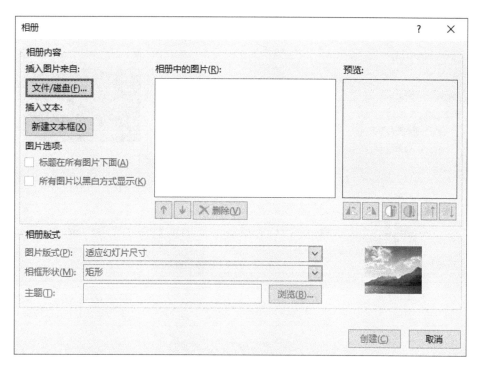

图 3-18　"相册"对话框（1）

图 3-19　"插入新图片"对话框

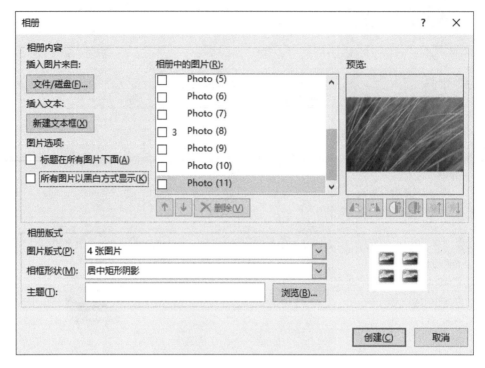

图 3-20 "相册"对话框（2）

	非常强	一般	不太好	很差	自己也不清楚
社会人士	11.10%	46.23%	29.04%	12.61%	1.11%
学生	20.08%	30.16%	35.48%	3.57%	10.71%

图 3-21 社会人士和学生的心理承受能力数据

操作步骤如下。

步骤 1：将演示文稿最后一张幻灯片的版式改为"内容与标题"幻灯片。

步骤 2：在幻灯片窗格的内容区中，单击"插入图表"命令，打开如图 3-22 所示"插入图表"对话框。单击"折线图"，再选择"折线图"，单击"确定"按钮，打开如图 3-23 所示 Excel 软件界面，输入指定数据后关闭 Excel 即可。

问题描述 4：为了使布局美观，将第 7 张幻灯片（价值观的体系）中的文字转换为"水平项目符号列表"SmartArt 布局，并设置该 SmartArt 样式为"中等效果"。

操作方法：右击第 7 张幻灯片中的内容区域的任何地方，打开如图 3-24 所示的快捷菜单，选择"转换为 SmartArt"，在 SmartArt 布局项中选择"水平项目符号列表"。在"SmartArt 工具—设计"选项卡的"SmartArt 样式"组中选择"中等效果"即可，如图 3-25 所示。

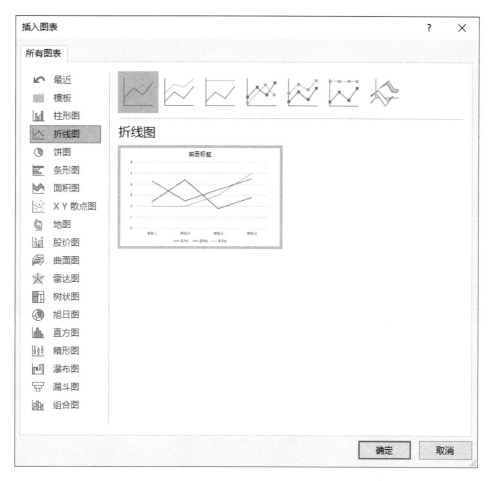

图 3-22　"插入图表"对话框

图 3-23　在 Excel 工作表中输入数据

5. 主题（模板）

问题描述：将幻灯片的设计模板设置为"回顾"。

操作方法：切换到功能区的"设计"选项卡，单击"主题"组右侧的"其他"按钮，即下拉箭头（如图 3-26 所示），在打开的下拉列表中选择"office"项目中的"回顾"主题，如图 3-27 所示。当然，单击此下拉列表下面的"浏览主题"按钮也可以选用自制主题。

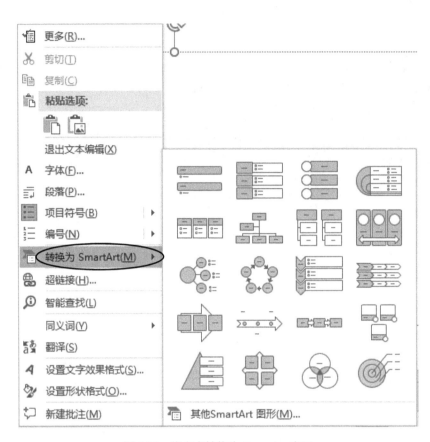

图 3-24　将文本转换为 SmartArt 布局

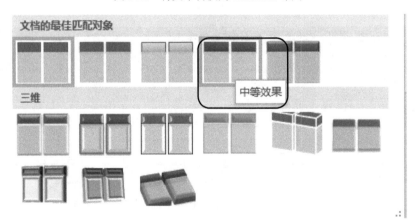

图 3-25　设置 SmartArt 样式

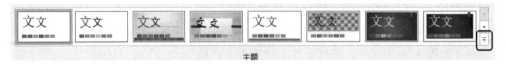

图 3-26　"主题"列表框

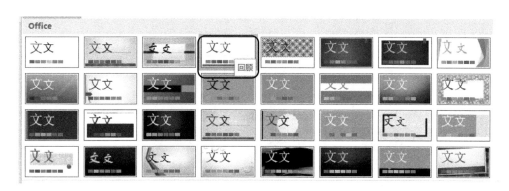

图 3-27　选择"回顾"主题

6. 背景

问题描述：将第 2 张幻灯片背景设置为"信纸"纹理。

操作方法：单击第 2 张幻灯片，切换到功能区的"设计"选项卡，单击"自定义"组中的 "设置背景格式"按钮（如图 3-28 所示），打开"设置背景格式"窗格。选择"图片或纹理填充"，设置"纹理"为"信纸"，

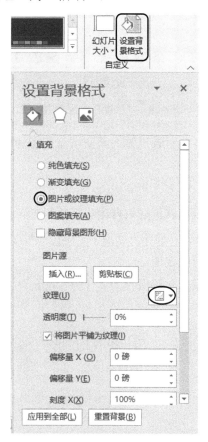

图 3-28　设置背景格式

如图 3-29 所示。

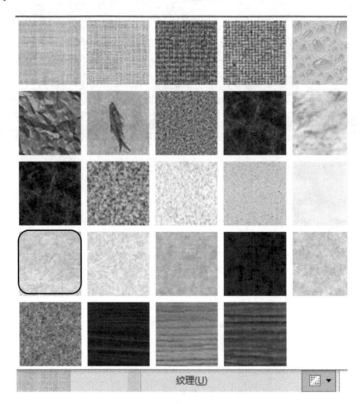

图 3-29 "信纸"纹理背景设置

用同样的方法可以将幻灯片背景设置为渐变填充和图片填充。

7. 母版

母版设置可以在创建演示文稿之初完成。

问题描述：在幻灯片母版的首页插入自动更新的日期，格式为默认设置。

操作方法：切换到功能区的"视图"选项卡，单击"母版视图"组中的"幻灯片母版"按钮，完成相关设置后返回普通视图。

完成上述所有操作后将演示文稿保存为"任务 1.pptx"。

任务 3.2 幻灯片切换、动画和放映

一、实验目的

（1）掌握幻灯片动画的设置方法，包括插入超链接、自定义动画的设置、动画延时设置、幻灯片切换效果设置、切换速度设置、自动切换与鼠标单击切换设置、动作按钮

的使用。

（2）掌握幻灯片放映的设置方法。

（3）掌握演示文稿合并的设置，将两个以上的演示文稿合成一个演示文稿，每个文稿保留原有格式。

二、实验内容及操作步骤

以下操作在任务 3.1 的基础上完成。

1. 超链接

问题描述 1：将"价值观的作用""价值观的形成""价值观的体系"链接到对应的幻灯片。

操作方法：选中"价值观的作用"文本，切换到功能区的"插入"选项卡，在"链接"组中单击"链接"按钮，打开如图 3-30 所示的"插入超链接"对话框。再单击左侧的"本文档中的位置"，在"请选择文档中的位置"中单击第 3 张幻灯片，然后单击"确定"按钮即可完成。

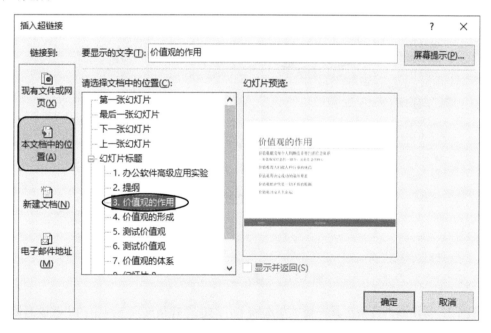

图 3-30　"插入超链接"对话框

注：在该对话框的"链接到"列表框中，"现有文件或网页"选项用于将所选对象链接到某个网站或文件，"电子邮件地址"选项用于链接到电子邮件，其他两个选项读者可自行摸索。

问题描述 2：在第 1 张幻灯片中插入"PPT"文件夹中的歌曲"Let It Go.mp3"，设置为自动播放、声音图标在放映时隐藏。

操作步骤如下。

步骤 1：切换到功能区的"插入"选项卡，在"媒体"组中单击"音频"按钮，在弹出的如图 3-31 所示的下拉列表中选择"PC 上的音频"，打开如图 3-32 所示的"插入音频"对话框。选择要求的歌曲，单击"插入"按钮，即可完成操作。

图 3-31　插入歌曲

图 3-32　"插入音频"对话框

步骤 2：切换到"音频工具—播放"选项卡，勾选"音频选项"组中的"放映时隐藏"复选框，再把"开始"选项设置为"自动"，如图 3-33 所示。

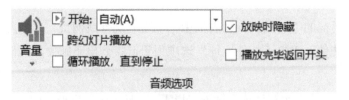

图 3-33　设置音频播放选项

2. 动画

问题描述 1：针对第 3 张幻灯片，按顺序设置以下的自定义动画效果：

➢　将"价值观的作用"的进入效果设置成"自顶部飞入"。

➢　将"价值观的形成"的强调效果设置成"脉冲"。

➢　将"价值观的体系"的退出效果设置成"淡化"。

➢　在页面中添加"后退"（后退或前一项）与"前进"（前进或下一项）动作按钮。

操作步骤如下。

步骤 1：选中第 3 张幻灯片，再选中文本"价值观的作用"。切换到功能区的"动画"选项卡，在"动画"组中选择"飞入"动画效果，如图 3-34 所示；再单击右侧的"效果选项"下拉箭头，在弹出的菜单中选择"自顶部"，如图 3-35 所示。

图 3-34　选择动画"飞入"工具栏

图 3-35　"效果选项"下拉菜单

步骤 2：选中文本"价值观的形成"，在"动画"列表中选择"强调"下的"脉冲"效果，如图 3-36 所示。

步骤 3：选中文本"价值观的体系"，在"动画"列表中选择"退出"下的"淡化"效果，如图 3-37 所示。

图 3-36　选用"脉冲"强调动画

图 3-37　选用"淡化"退出动画

步骤 4：切换到功能区的"插入"选项卡，单击"插图"组中的"形状"下拉箭头，在弹出的下拉菜单中选择"动作按钮"组内的"后退或前一项"和"前进或下一项"按钮，如图 3-38 所示。按住鼠标左键将要插入的按钮拖入幻灯片，此时弹出"操作设置"对话框（如图 3-39 所示）。设置该按钮可执行的动作，完成后的效果如图 3-40 所示。

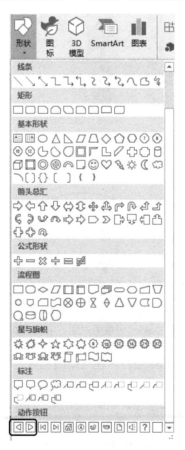

图 3-38　插入动作按钮

图 3-39　"操作设置"对话框

图 3-40　插入幻灯片的动作按钮

问题描述 2：设置触发器。完成如图 3-41 所示的幻灯片，当选择 A 时出现"√"，选择其他选项时出现"×"。

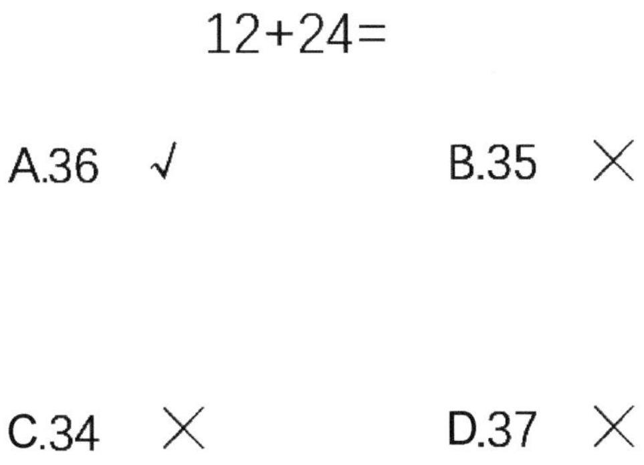

$$12+24=$$

A.36　√　　　　　　B.35　×

C.34　×　　　　　　D.37　×

图 3-41　效果图

操作步骤如下。

步骤1：新建演示文稿，切换到功能区的"开始"选项卡。在"幻灯片"组中单击"新建幻灯片"下拉箭头，在弹出的菜单中选择"仅标题"版式，插入一张新的幻灯片（注意：在新幻灯片中必须将"切换"选项卡下"计时"组中的"设置自动换片时间"选项取消）。

步骤2：在"标题"区中输入"12+24="，然后切换到"插入"选项卡。单击"文本"组中的"文本框"下拉菜单，在弹出的菜单中选择"横排文本框"命令（需要插入8个文本框），然后在插入的文本框中分别输入"A.36""B.35""C.34""D.37""√""×"（"×"有3个），颜色、字体、字号自行设定。

步骤3：选择"A.36"文本旁边的"√"文本框，切换到功能区的"动画"选项卡。单击"动画"组中的"出现"动画效果；在"计时"组中，设置"开始"为"单击时"；然后单击"高级动画"组中的"触发"按钮，在弹出的下拉菜单中展开"通过单击"子菜单，选择"文本框2"（此为"A.36"所在文本框），如图3-42所示。重复上述步骤完成其余动画设置，动画窗格中的选项设置如图3-43所示。

图3-42　动画"触发"命令菜单

图3-43　"动画窗格"选项设置

步骤 4：保存演示文稿，名称为"小学算术.pptx"。

问题描述 3：动作路径。完成类似电视或电影片尾演员表的效果，演员表从下往上滚动显示。

操作步骤如下。

步骤 1：新建一个演示文稿，切换到功能区的"开始"选项卡。在"幻灯片"组中单击"新建幻灯片"下拉箭头，在弹出的菜单中选择"仅标题"版式。

步骤 2：切换到"插入"选项卡，单击"文本"组中的"文本框"下拉箭头，在弹出的菜单中选择"横排文本框"命令，然后在插入的文本框中输入文本，字体和字号自定。

步骤 3：选中文本框，切换到"动画"选项卡。在"动画"组的"动画"列表中，选择"直线"路径动画效果；然后单击"效果选项"下拉箭头，在弹出的菜单中选择"上"命令（如图 3-44 所示），并将文本框移出到幻灯片的下方（如图 3-45 所示），再将红色的向上箭头拖动移出幻灯片的上方（如图 3-46 所示）（注意：先使用窗口底部状态栏中的缩放控件减小文档的显示比例更易操作）。

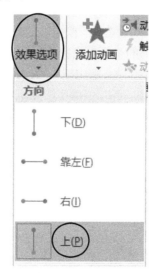

图 3-44　设置动作路径

图 3-45　文本框移出幻灯片下方的效果

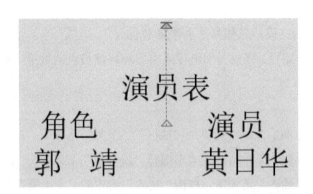

图 3-46　文本框路径箭头移出幻灯片上方的效果

步骤 4：保存演示文稿，名称为"83 版射雕英雄传演员表.pptx"。

注：本题也可以使用"自底部飞入"效果来完成。

3. 幻灯片切换

问题描述：按下面要求设置幻灯片的切换效果。设置所有幻灯片的切换效果为"自左侧推入"，实现每隔 3 秒自动切换，也可以单击鼠标进行手动切换。

操作方法：切换到功能区的"切换"选项卡，在"切换到此幻灯片"组中选择"推入"，如图 3-47 所示。再单击该组中的"效果选项"按钮，在弹出的菜单中选择"自左侧"命令，如图 3-48 所示。选中"计时"组中的"单击鼠标时"和"设置自动换片时间"复选框，并设置自动换片时间为 3 秒；最后单击"全部应用"按钮，如图 3-49 所示。

图 3-47　"切换到此幻灯片"组

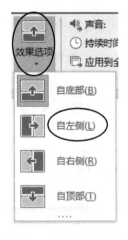

图 3-48　"效果选项"按钮

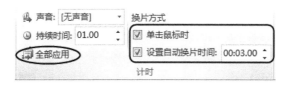

图 3-49　"计时"组的设置

4. 演示文稿合并

问题描述：将"小学算术.pptx"和"83 版射雕英雄传演员表.pptx"合并成一个新的演示文稿，以"PPT 动画制作.pptx"为名称保存。

操作步骤如下。

步骤 1：切换到"开始"选项卡，单击"新建幻灯片"下拉箭头，选择"重用幻灯片"命令，如图 3-50 所示，打开如图 3-51 所示的"重用幻灯片"窗格。

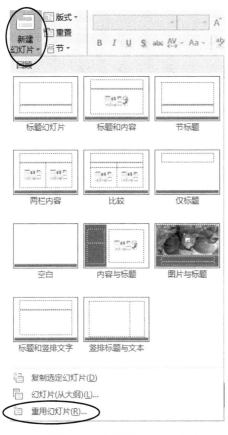

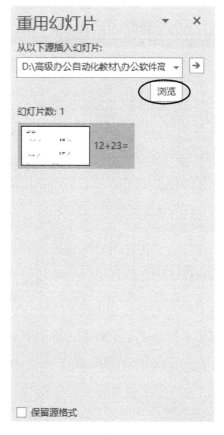

图 3-50　"重用幻灯片"命令　　　　图 3-51　"重用幻灯片"对话框

步骤 2：单击"浏览"下拉箭头，选择"浏览文件"命令，打开如图 3-52 所示的"浏览"对话框，选择需要的演示文稿，单击"打开"按钮，演示文稿的所有幻灯片出现在"重用幻灯片"窗格中。

步骤 3：将光标定位在要插入幻灯片的位置，在"重用幻灯片"窗格中勾选"保留源格式"

复选框，右击某张幻灯片出现如图 3-53 所示的快捷菜单，选择"插入所有幻灯片"命令。

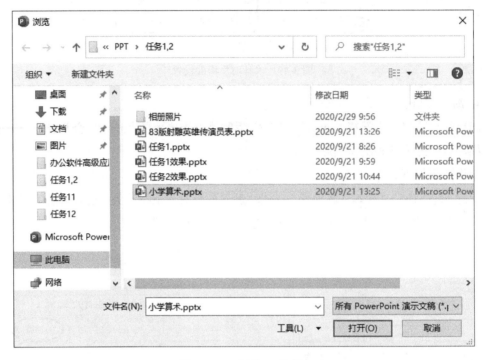

图 3-52　"浏览"对话框

图 3-53　"插入所有幻灯片"命令

步骤 4：重复步骤 1 到步骤 3，完成其他幻灯片的插入。

步骤 5：将演示文稿以"PPT 动画制作.pptx"为名保存到指定位置。

三、作业

1. 作业 2：新建演示文稿"ppt.pptx"，按如下要求进行设计制作。

设计出如图 3-54 所示效果，圆形四周的箭头向各自方向同步扩展，放大尺寸为原来的 1.5 倍，重复 3 次。效果分别如图 3-54（1）和图 3-54（2）所示。注意：圆形无变化，圆形、箭头的初始大小由读者自定。

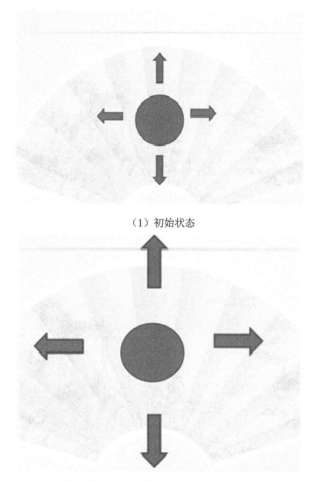

（1）初始状态

（2）单击鼠标后，四周箭头同频扩展、放大，重复 3 次

图 3-54　作业 1 效果

2. 在最后一张幻灯片后新增加一页，设计出如图 3-55 所示效果，单击鼠标，依次显示字母 Ａ Ｂ Ｃ Ｄ，效果分别如图 3-55（1）～图 3-55（4）所示。注意：字体、字号等由读者自定。

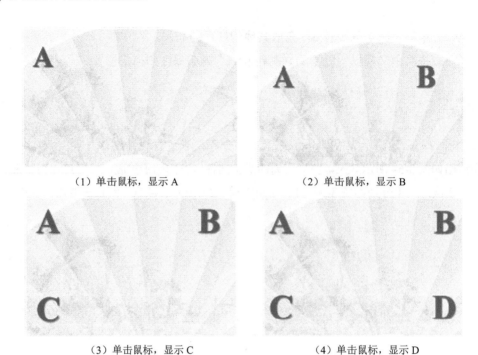

（1）单击鼠标，显示 A   （2）单击鼠标，显示 B

（3）单击鼠标，显示 C   （4）单击鼠标，显示 D

图 3-55　作业 2 效果

任务 3.3　PowerPoint 综合实验（一）

一、实验目的

（1）掌握幻灯片动画的设置，包括插入链接、自定义动画的设置、动画延时设置、幻灯片切换效果设置、切换速度设置、自动切换与鼠标单击切换设置、动作按钮的使用。

（2）掌握设计主题的使用。

二、实验内容及操作步骤

1. 将幻灯片的设计模板设置为"水滴"。

操作方法：切换到功能区的"设计"选项卡，单击"主题"组中右侧的"其他"按钮（见图 3-56），在打开的下拉列表中选择"office"项目中的"水滴"主题，如图 3-57 所示。

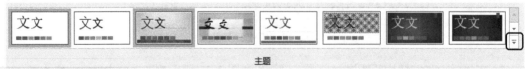

图 3-56　"设计"选项卡的"主题"组

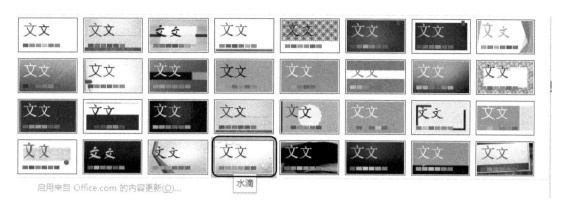

图 3-57　选择"水滴"主题

2. 给幻灯片插入日期（自动更新，格式为 X 年 X 月 X 日）。

操作方法：切换到功能区的"插入"选项卡，单击"文本"组中的"页眉和页脚"按钮，打开"页眉和页脚"对话框。选择"日期和时间"复选框，单击"自动更新"单选按钮，在"日期和时间格式"下拉列表框中选择"2020 年 9 月 21 日"格式；单击"全部应用"按钮，如图 3-58 所示。

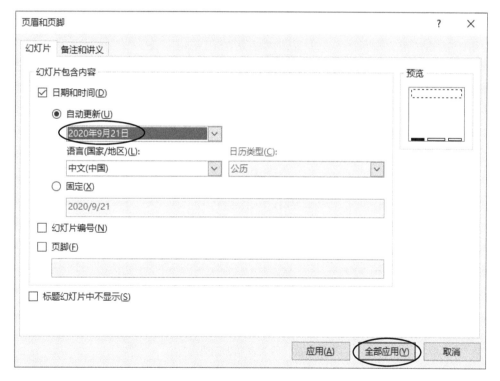

图 3-58　插入能自动更新的日期和时间

3. 设置幻灯片的动画效果。

针对第 2 张幻灯片，按顺序设置以下的自定义动画效果：

➢　将"价值观的作用"的进入效果设置成"自顶部飞入"。

> ➤ 将"价值观的形成"的强调效果设置成"脉冲"。

> ➤ 将"价值观的体系"的退出效果设置成"淡化"。

> ➤ 在页面中添加"后退"（后退或前一项）与"前进"（前进或下一项）的动作按钮。

操作步骤如下。

步骤 1：选中第 2 张幻灯片，再选中文本"价值观的作用"。切换到功能区的"动画"选项卡，在"动画"组中选择"飞入"动画效果，如图 3-59 所示；再单击右侧的"效果选项"下拉箭头，在弹出的菜单中选择"自顶部"，如图 3-60 所示。

图 3-59 选择"飞入"动画效果

图 3-60 设置动画的效果选项

步骤 2：选中文本"价值观的形成"，在"动画"列表中选择"强调"下的"脉冲"效果，如图 3-61 所示。

步骤 3：选中文本"价值观的体系"，在"动画"列表中选择"退出"下的"淡化"效果，如图 3-62 所示。

图 3-61　选用"脉冲"强调动画

图 3-62　选用"淡化"退出动画

步骤 4：切换到功能区的"插入"选项卡，单击"插图"组的"形状"下拉箭头，在弹出的下拉菜单中选择"动作按钮"组内的"后退或前一项"和"前进或下一项"按钮，如图 3-63 所示。按住鼠标左键向幻灯片中拖动插入按钮，随即弹出"操作设置"对话框（见图 3-64），设置该按钮将要执行的动作。完成后的效果如图 3-65 所示。

图 3-63　插入动作按钮

图 3-64 "操作设置"对话框

图 3-65 插入的动作按钮

4. 按下面要求设置幻灯片的切换效果。

设置所有幻灯片的切换效果为"自左侧推入",实现每隔 3 秒自动切换,也可以单击鼠标进行手动切换。

操作方法:切换到功能区的"切换"选项卡,在"切换到此幻灯片"组中选择"推入",如图 3-66 所示;再单击该组中的"效果选项"按钮,在弹出的菜单中选择"自左侧"命令,如图 3-67 所示;勾选"计时"组中的"单击鼠标时"和"设置自动换片时间"复选框,并设置自动换片时间为 3 秒;最后单击"全部应用"按钮,如图 3-68 所示。

图 3-66 选择幻灯片的切换效果

图 3-67 设置切换的效果选项

图 3-68 "计时"设置

5. 在最后一张幻灯片后新增加一张幻灯片，设计出如图 3-69 所示效果。用户做选择题，若选择正确，则在选项旁边显示文字"正确"，否则显示文字"错误"。注意：字体、字号等由读者自定。

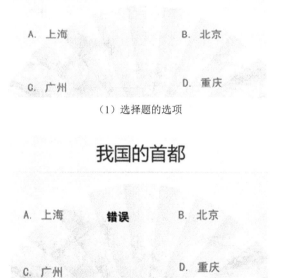

图 3-69 效果图

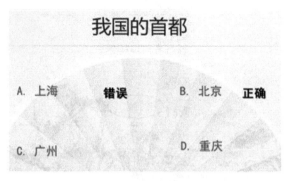

（3）用鼠标选择B，旁边显示"正确"

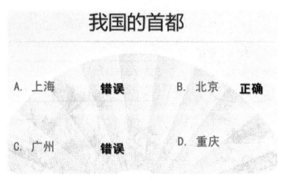

（4）用鼠标选择C，旁边显示"错误"

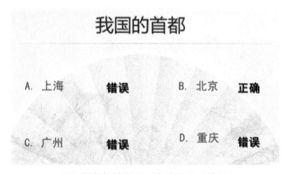

（5）用鼠标选择D，旁边显示"错误"

图 3-69　效果图（续）

操作步骤如下。

步骤1：选中最后一张幻灯片，切换到功能区的"开始"选项卡，在"幻灯片"组中单击"新建幻灯片"下拉箭头，在弹出的菜单中选择"仅标题"版式，插入一张新的幻灯片（注意：在新幻灯片中必须将"切换"选项卡中"计时"组下的"设置自动换片时间"选项取消）。

步骤2：在"标题"区中输入"我国的首都"，然后切换到"插入"选项卡，展开"文本"组中的"文本框"下拉菜单，选择"横排文本框"命令（需要插入8个文本框），然后在各文本框中分别输入"A.上海""B.北京""C.广州""D.重庆""错误""正确""错误""错误",文字颜色、字体、字号可自行设定,效果见图 3-69(5)。

　　步骤 3:选择"A.上海"文本旁边的"错误"文本框,切换到功能区的"动画"选项卡,单击选择"动画"组中的"出现"动画效果;在"计时"组中,设置"开始"为"单击时";然后单击"高级动画"组中的"触发"按钮,在弹出的下拉菜单中选择"通过单击"→"文本框 2"(此为"A.上海"所在文本框),如图 3-70 所示。重复上述步骤完成其余文本框的动画设置,动画窗格中显示的设置情况如图 3-71 所示。

图 3-70　设置动画的触发选项

图 3-71　动画设置效果

任务 3.4　PowerPoint 综合实验（二）

一、实验目的

（1）掌握插入幻灯片母版、设置幻灯片母版格式操作，包括重命名、设置背景等。

（2）掌握插入音频及编辑音频操作。

（3）掌握插入 SmartArt 及格式设置，包括样式、颜色等。

（4）掌握项目符号的使用。

（5）掌握超链接的使用。

（6）掌握幻灯片动画效果的设置。

（7）掌握幻灯片切换效果的设置。

二、实验内容及操作步骤

实验操作所用相关资料存放在 Word 文档"PPT 任务 4 素材及设计要求.docx "中。按下列要求完成演示文稿的整合制作。

1. 创建一个名为"学号.pptx "的新演示文稿（".pptx"为文件扩展名），后续操作均基于此文件。该演示文稿的内容包含在 Word 文档"PPT 任务 4 素材及设计要求.docx"中，Word 素材文档中的蓝色字不在幻灯片中出现，黑色字必须在幻灯片中出现，红色字在幻灯片的备注中出现。

操作步骤如下。

步骤 1：新建一个空白 PPT 演示文稿文件，将文件名修改为"学号.pptx"。

步骤 2：打开新建的"学号.pptx"文件，单击"开始"选项卡下"幻灯片"组中的"新建幻灯片"按钮，参考"PPT 素材及设计要求.docx"文件，新建 8 张幻灯片，其中第 1 张幻灯片为标题幻灯片。

步骤 3：按照题目的要求，将素材文件中的内容逐一复制到幻灯片的相对应的页面中，注意第三页中包含一张图片，需要同时复制过来。

步骤 4：单击快速访问工具栏中的"保存"按钮。

2. 将默认的"Office 主题"幻灯片母版重命名为"中国梦母版 1"，并将图片"母版背景图片 1.jpg"作为其背景。为第 1 张幻灯片应用"中国梦母版 1"的"空白"版式。

操作步骤如下。

步骤 1：单击"视图"选项卡下"母版"视图功能组中的"幻灯片母版"按钮，切换到幻灯片母版视图。

步骤 2：选中左侧视图列表框中的第 1 个母版（Office 主题幻灯片母版），单击鼠标右键，在弹出的快捷菜单中选择"重命名母版"，弹出"重命名版式"对话框，在"版式名称"中输入"中国梦母版 1"，单击"重命名"按钮，如图 3-72 所示。

图 3-72　修改母版幻灯片

步骤 3：继续在该母版中单击鼠标右键，在弹出的快捷菜单中选择"设置背景格式"，弹出"设置背景格式"对话框，单击"图片或纹理填充"单选按钮，再单击下方的"插入"按钮，弹出"插入图片"对话框，如图 3-73 所示，单击"来自文件"，在打开的对话框中浏览并选中"母版背景图片 1.jpg"文件，单击"插入"按钮，最后单击"关闭"按钮，关闭对话框。

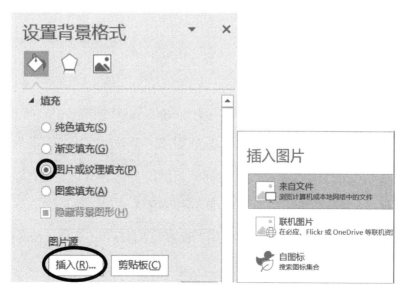

图 3-73　设置母版幻灯片背景

步骤 4：单击"幻灯片母版"视图中的"关闭母版视图"按钮。

步骤 5：在幻灯片视图中选择第 1 张幻灯片，单击"开始"选项卡下"幻灯片"组中的"版式"按钮，在下拉列表中选择"空白"。

步骤 6：单击快速访问工具栏中的"保存"按钮。

3. 在第 1 张幻灯片中插入音频"北京欢迎您"，适当剪裁音频，设置自动循环播放、直到停止，且放映时隐藏音频图标。

操作步骤如下。

步骤 1：选中第 1 张幻灯片，单击"插入"选项卡下"媒体"组中的"音频"按钮，如图 3-74 中左图所示，选择"PC 上的音频"，在弹出的"插入音频"对话框中找到"北京欢迎您"，单击"插入"按钮。

步骤 2：双击检索结果中的文件，将其添加到幻灯片页面中，单击"音频工具/播放"选项卡下"编辑"组中的"剪裁音频"按钮，如图 3-74 中右图所示，弹出"裁剪音频"对话框，将"结束时间"调整为所需的时间，单击"确定"按钮，如图 3-75 所示。

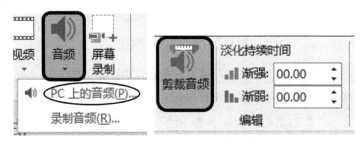

图 3-74　插入剪切画音频

图 3-75　剪裁剪切画音频

步骤 3：在"音频选项"组中将"开始"设置为"自动"，勾选"循环播放，直到停止"和"放映时隐藏"两个复选框。

4. 插入一个新的幻灯片母版，重命名为"中国梦母版 2"，其背景图片为素材文件"母版背景图片 2.jpg"，将图片平铺为纹理。为从第 2 张开始的幻灯片应用该母版中适当的版式。

操作步骤如下。

步骤 1：单击"视图"选项卡下"母版视图"组中的"幻灯片母版"按钮，切换到幻灯片母版视图。

步骤 2：在"幻灯片母版"选项卡下"编辑母版"组中单击"插入幻灯片母版"按钮，如图 3-76 所示，在左侧列表框中出现新的幻灯片母版中，选中该母版中的第 1 个页面，单击鼠标右键，在弹出的快捷菜单中选择"重命名母版"，弹出"重命名母版"对话框，在"版式名称"栏中输入"中国梦母版 2"，单击"重命名"按钮。

图 3-76　新建幻灯片母版

步骤 3：继续在该母版中单击鼠标右键，在弹出的快捷菜单中选择"设置背景格式"，弹出"设置背景格式"对话框。单击"图片或纹理填充"单选按钮，再单击下方的"插入"按钮，弹出"插入图片"对话框。选中考生文件夹下的"母版背景图片 2.jpg"文件，单击"插入"按钮，勾选对话框中的"将图片平铺为纹理"复选框，最后单击"关闭"按钮，关闭对话框。

步骤 4：单击"幻灯片母版"视图中的"关闭母版视图"按钮。

步骤 5：在幻灯片视图中，选中第 2 张幻灯片，单击"开始"选项卡下"幻灯片"组中的"版式"按钮，在下拉列表中选择"中国梦母版 2/标题和内容"，同理设置其他幻灯片的版式。

5. 第 2 张幻灯片为目录页，标题文字为"目录"且文字方向竖排，目录项内容为幻灯片 3～幻灯片 7 的标题文字，并采用 SmartArt 图形中的垂直曲形列表显示，调整 SmartArt 图形大小、显示位置、颜色（强调文字颜色 2 的彩色填充）、三维样式等。

操作步骤如下。

步骤 1：选中第 2 张幻灯片，单击"开始"选项卡下"幻灯片"组中的"版式"按钮，将第 2 张幻灯片的版式调整为"标题和竖排文字"，将幻灯片 3～幻灯片 7 的标题文字复制到文本框中。

步骤 2：选中该文本框，单击"开始"选项卡下"段落"组中的"转换为 SmartArt"按钮，在下拉列表中选择"其他 SmartArt 图形"（见图 3-77），弹出"选择 SmartArt 图形"对话框，单击左侧的"列表"，在右侧的列表框中选择"垂直曲线列表"，如图 3-78 所示，单击"确定"按钮。

图 3-77　转换为 SmartArt

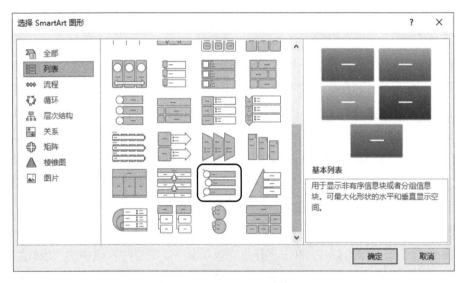

图 3-78　"选择 SmartArt 图形"对话框

步骤 3：选中该 SmartArt 图形对象，单击"SmartArt 工具-设计"选项卡，在"SmartArt 样式"组中将样式设置为"三维/优雅"（见图 3-79，当然也可以选择其他三维样式），单击"更改颜色"按钮，在下拉列表中选择"彩色填充个性 1"（见图 3-80）。

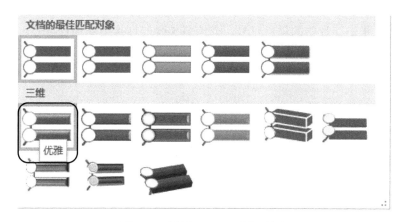

图 3-79　设置 SmartArt 图形样式

图 3-80　设置 SmartArt 图形颜色

步骤 4：适当调整图形对象的大小及位置。

6. 第 3、4、5、6、7 张幻灯片分别用于介绍第一到第五项具体内容，要求按照文件"PPT 素材及设计要求.docx"中的要求进行设计，调整文字、图片大小，并将第 3 到第 7 张幻灯片中所有双引号中的文字更改字体，颜色设为红色，并加粗显示。

操作方法：在幻灯片 3～幻灯片 7 中，选中所有双引号中的文字，修改字体，再修改字体颜色为"红色"，设置字体样式为"加粗"。

办公软件高级应用实践教程

7. 更改第 4 张幻灯片中的项目符号、取消第 5 张幻灯片中的项目符号，并为第 4、第 5 张幻灯片添加备注信息。

操作步骤如下。

步骤 1：选中第 4 张幻灯片中的内容文本，单击"开始"选项卡下"段落"组中的"项目符号"按钮，在下拉列表中选择一种项目符号。

步骤 2：选中第 5 张幻灯片中的内容文本，单击"开始"选项卡下"段落"组中的"项目符号"按钮，在下拉列表中选择"无"。

步骤 3：检查第 4、第 5 张幻灯片备注框中的内容。

8. 第 6 张幻灯片用 3 行 2 列的表格来表示其中的内容，表格第 1 列内容分别为"强国""富民""世界梦"，第 2 列为对应的文字。为表格应用一个表格样式并设置单元格凹凸效果。

操作步骤如下。

步骤 1：选中第 6 张幻灯片，单击"插入"选项卡下"表格"组中的"表格"按钮，在下拉列表中选择"插入表格"（如图 3-81 中左图所示），弹出"插入表格"对话框。将"行数"设为"3"；将"列数"设为"2"，单击"确定"按钮（如图 3-81 中右图所示）。

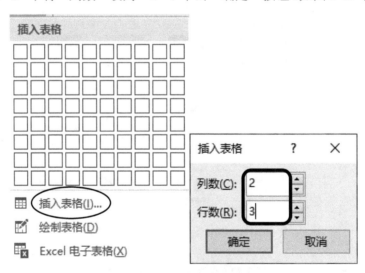

图 3-81　插入表格

步骤 2：按照题目要求，将文本框中的内容复制到表格相应的单元格中。

步骤 3：选中整个表格对象，选择"表格工具-设计"选项卡下"表格样式"组中的一种样式，单击右侧的"效果"按钮，在下拉列表中选择"单元格凹凸效果"→"棱台-圆"（见图 3-82），最后将文本框删除，适当调整表格在页面中的大小及位置，设置对齐方式。

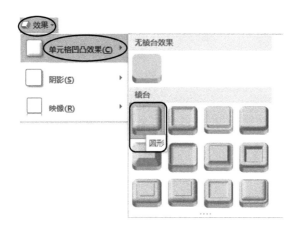

图 3-82　设置单元格凹凸效果

9. 用 SmartArt 图形中的向上箭头流程表示第 7 张幻灯片中的三步曲。

操作步骤如下。

步骤 1：选中第 7 张幻灯片中的文本，单击"开始"选项卡下"段落"组中的"转换为 SmartArt"按钮，在下拉列表中选择"其他 SmartArt 图形"，弹出"选择 SmartArt 图形"对话框，单击左侧的"流程"，在右侧的列表框中选择"向上箭头"，单击"确定"按钮。

步骤 2：适当调整 SmartArt 图形对象的样式及颜色。

10. 为第 2 张幻灯片的 SmartArt 图形中的每项内容插入超链接，单击时可转到相应幻灯片。

操作方法：选中第 2 张幻灯片，选中文本"第一项、时代解读"，单击鼠标右键，在弹出的快捷菜单中选择"链接"，弹出"编辑超链接"对话框。在左侧的"链接到"列表框中选择"本文档中的位置"，在右侧选择第 3 张幻灯片，单击"确定"按钮（见图 3-83）；按照同样的方法为其他目录项设置超链接。

图 3-83　"编辑超链接"对话框

11. 为每张幻灯片设计不同的切换效果；为第 2 至第 8 张幻灯片设计动画，且出现先后顺序合理。

操作步骤如下。

步骤 1：选中第 1 张幻灯片，选择"切换"选项卡下"切换到此幻灯片"组中的一种切换方式。

步骤 2：按照同样方法为其他幻灯片设置"切换效果"，注意每一张幻灯片的切换效果应不一样。

步骤 3：选中第 2 张幻灯片，选中"目录"文本框，再选择"动画"选项卡下"动画"组中的一种进入动画效果。继续选中 SmartArt 图形对象，再选择一种动画效果。

步骤 4：按照同样方法，为其余幻灯片中的对象设置动画效果，且出现的顺序应合理。

步骤 5：单击快速访问工具栏中的"保存"按钮。

三、作业

根据"PPT 作业 4 素材.docx"及相关图片文件素材，按要求完成。

1. 创建一个名为"姓名.pptx"的演示文稿（".pptx"为扩展名），并应用一个色彩合理、美观大方的设计主题。

2. 第 1 张幻灯片为标题幻灯片，标题为"天河二号超级计算机"，副标题为"——2014年再登世界超算榜首"。

3. 第 2 张幻灯片应用"两栏内容"版式，左边一栏为文字，右边一栏为图片，图片为素材文件"Image1.jpg"。

4. 第 3～7 张幻灯片均采用"标题和内容"版式，"PPT 素材.docx"文件中的黄底文字即为相应幻灯片的标题文字。将第 4 张幻灯片的内容设为"垂直块列表"SmartArt 图形对象，"PPT 素材.docx"文件中红色文字为 SmartArt 图形对象一级内容，蓝色文字为 SmartArt 图形对象二级内容。为该 SmartArt 图形设置组合图形"逐个"播放动画效果，并将动画的开始时间设置为"上一动画之后"。

5. 利用相册功能为考生文件夹下的"Image2.jpg"～"Image9.jpg"8 张图片创建相册幻灯片，要求每张幻灯片放 4 张图片，相框的形状为"居中矩形阴影"，相册标题为"六、图片欣赏"。将该相册中的所有幻灯片复制到"天河二号超级计算机.pptx"文档的第 8～10 张幻灯片中。

6. 将演示文稿分为 4 节，节名依次为"标题"（该节包含第 1 张幻灯片）、"概况"（该节包含第 2～3 张幻灯片）、"特点、参数等"（该节包含第 4～7 张幻灯片）、"图片欣赏"（该节包含第 8～第 10 张幻灯片）。每节内的幻灯片均为同一种切换方式，节与节的幻灯片切换方式不同。

7. 除标题幻灯片外，其他幻灯片均包含页脚且显示幻灯片编号。所有幻灯片中除了标题和副标题，其他文字字体均设置为"微软雅黑"。

8. 设置该演示文档为循环放映方式，如若不单击鼠标，则每页幻灯片放映 10 秒钟后自动切换至下一张。